"十三五"普通高等教育本科部委级规划教材

U0392673

金工记

金工首饰制作工艺之书

RECORD OF METAL ART AND JEWELRY

A BOOK ON METAL ART AND JEWELRY MAKING TECHNICS

胡 俊 陈彬雨 ｜ 著

中国纺织出版社

内 容 提 要

本书为"十三五"普通高等教育本科部委级规划教材。

本书从金属工艺和首饰工艺入手，系统地阐述了金工首饰制作工作区的建立、金属工艺基础技法、首饰制作基础技法、金属工艺高级技法、首饰制作高级技法等，以图文对照的形式呈现，讲解力求详尽和易懂，工艺介绍从低级到高级，从简单到复杂，给读者提供了一个工艺练习的进阶。

本书既可作为高等院校首饰设计专业教材，也可作为首饰设计行业相关人员学习的参考书。

图书在版编目（CIP）数据

金工记：金工首饰制作工艺之书 / 胡俊，陈彬雨著. ——
北京：中国纺织出版社，2018.1（2024.3 重印）
"十三五"普通高等教育本科部委级规划教材
ISBN 978-7-5180-4425-2

Ⅰ.①金… Ⅱ.①胡… ②陈… Ⅲ.①金属加工-高等学校-教材②金首饰-生产工艺-高等学校-教材 Ⅳ.①TG②TS934.3

中国版本图书馆CIP数据核字（2017）第315334号

策划编辑：魏 萌　　特约编辑：张 源
责任校对：寇晨晨　　责任印制：王艳丽

中国纺织出版社出版发行
地址：北京市朝阳区百子湾东里A407号楼　邮政编码：100124
销售电话：010—67004422　传真：010—87155801
http://www.c-textilep.com
E-mail: faxing@c-textilep.com
中国纺织出版社天猫旗舰店
官方微博http://weibo.com/2119887771
北京通天印刷有限责任公司印刷　各地新华书店经销
2018年1月第1版　2024年3月第6次印刷
开本：787×1092　1/16　印张：13.5
字数：198千字　定价：68.00元

序

胡俊于 1993 年考入北京服装学院学习金工首饰，是北京服装学院金工首饰专业第一届毕业生，其实也是中国第一届金工首饰专业的毕业生。他大学本科毕业后，工作了两年又考回北京服装学院，成为我的研究生。读硕士期间，以传统金属工艺为研究方向，研究生毕业后到北京工业大学从事金工首饰的教学工作。2010 年作为专业骨干调回母校工作，其间又到欧洲游学一年，不论是工作经历，还是专业素质，或是设计思想，都达到了一个较高的阶段，可以说是进入了专业收获的季节了。那么，这本即将出版的《金工记：金工首饰制作工艺之书》金工首饰专业教材，就是他所收获的丰硕成果之一。

北京服装学院金工首饰专业的建立，特别是在这个学科的建设中，强调传统与现代、东方与西方相融合的办学理念，在教学实践中坚持设计规律的学习与金工技艺的学习同时进行。所以，北京服装学院金工首饰专业的课程设置包括三个方面的内容：一方面是日本艺术院校的教学模式，另一方面是民族民间传统金属工艺实践，再一方面是欧洲艺术院校的教学方法，由此而构成了北京服装学院金工首饰专业的教学特色。在这样的教学环境中成长起来的学生，既能拿起笔做设计，又能拿起工具做手艺，学生们通过自己的双手来实现自己的设计思想。胡俊作为这个教学系统中的学生，以十分优异的成绩毕业，又在多年的工作中不断地探索，从设计理念到工艺实践都形成了自己的专业主张和艺术个性，并在《金工记：金工首饰制作工艺之书》中充分反映出新的专业指向。例如，在书中第 1 章里关于金工首饰教学工作区的建立，传递出作者对金工首饰工作室的整体建设的思想，也反映了作者对金工首饰专业教学具体工艺流程的把控能力和全局规划的意识。第 3 章里关于金属表面肌理制作、金属表面着色技术，既是对金工首饰材料应用的革新，又是将现代工业技术引进到金工首饰领域的探索。在第 4 章和第 5 章里，不管是对金工首饰的材料应用的介绍，还是对金工首饰的工艺技术的讨论，都呈现出积极主动的创作态度，让我们深深地感受到作者对金工首饰的教学热情和社会责任感。我认为《金工记：金工首饰制作工艺之书》不仅仅是从工艺技术的角度展开这一领域的基础内容，而是从发展的角度为金工首饰专业开启一个更为广阔的空间。

清华大学美术学院教授、博士生导师

唐绪祥

2017 年 10 月 29 日

从全局来看，中国是世界上拥有最优秀的金工首饰艺术传统的国家之一，在金工首饰艺术发展的漫漫长河中，一代又一代心灵手巧的金银匠，把自身精湛的技艺流传给后人，使那些精美绝伦的金工首饰艺术制作工艺得以延续和发扬光大。可以说，中国传统金工首饰制作工艺融合了几千年来世代手工艺匠人的智慧，时至今日，即便斗转星移、物是人非，我们依旧可以充分领略到那些丰富多样、博大精深的手工艺带给我们的艺术之美。

考察当代中国的金工首饰艺术现状，可知中国当代的金工首饰艺术作品以及金工首饰艺术家绝大多数的生存环境主要还是在艺术院校。相对而言，中国的现代金工首饰艺术起步较晚，也许可以把中国艺术类高校设置金工首饰设计专业作为中国现代金工首饰艺术萌发的标志。1993年，北京服装学院率先设置金工首饰设计专业，由唐绪祥先生主持专业课程的设置与教学。随后，清华大学美术学院、中央美术学院、南京艺术学院、中国地质大学（北京）珠宝学院先后开设金工首饰设计课程及专业。进入21世纪，开设金工首饰设计专业的高校越来越多，计有中国美术学院、上海大学、复旦大学、中国地质大学（武汉）、山东工艺美术学院等高校，可以说，金工首饰设计专业渐成热门学科，有雨后春笋之势。

时下的中国，金工首饰艺术进入纯艺术的殿堂早已是不争的事实，这"军功章"里有高校金工首饰设计教育的一半。此前，在中国是没有多少人能够把金工首饰归类于纯艺术领域的，而随着金工首饰设计教育在高校展开，金工首饰艺术的种子随之生根发芽，一批又一批的金工首饰设计与创作人才走出高校，把金工首饰艺术的理念传播到更为广阔的社会中去。

纵观中国高校的金工首饰设计专业课程设置，可以看出，中国高校的金工首饰专业人才培养的方向大致分为两类：其一为培养金工首饰艺术家，其二为金工首饰设计师。艺术家尊重自己的创作理念和内心的创作冲动，无论首饰制作的选材还是工艺，都是极为个人的事情；而设计师尊重市场的淘汰机制以及金工首饰时尚流行趋势，无论从金工首饰制作的选材还是工艺，都是成本核算以及利润最大化的结果。在此前提下，高校就成了金工首饰艺术生存和发展的温床，金工首饰艺术家大多活跃于各大高校，他们以各自所属的高校作为平台，充分展现自己的艺术创作才华，不断推出自己的金工首饰艺术新作，在社会上引起了越来越多的关注。

中国的金工首饰艺术家创作思路活跃，在西风东渐的大背景下，他们在短时间内就打破了传统金工首饰的藩篱，无论是创作动机还是制作工艺，都实行了大胆革新，一时间，金工首饰创作呈现多姿多彩的局面。不过，随着西方"千奇百怪"的金工首饰艺术作品的大量涌入，一些源自西方的金工首饰制作技艺也引来了国人好奇的目光。可以说，西方发达国家在金工首饰制作工艺方面没有囿于常规，艺术家们很会利用最新的工业科技成果，不断地尝试新工艺、开发新的金工首饰制作技巧。反观国内的金工首饰行业，尽管一些优秀的传统技艺正在走向复兴之路，并且已经取得了不俗的成果，但在技艺创新这一方面，还是做得不够的。好在，国内的

金工首饰艺术院校坚持倡导设计为先、艺工结合的教学思路，在对待制作工艺的态度上，往往采取"不择手段"的思路和方法，故而，在长期的教学实践中，作者能够亲历许多新奇的金工首饰制作工艺。在此，作者把逐年收罗的金工首饰制作工艺集结于此书，当然，除了那些特殊的金工首饰制作工艺，作者也一并把基本的工艺技法展现在了读者的面前，对于初涉金工首饰设计与制作的人来说，这本书将会成为入门的工具书，以及进一步深造的阶梯。

胡 俊　陈彬雨

2017 年 9 月 18 日

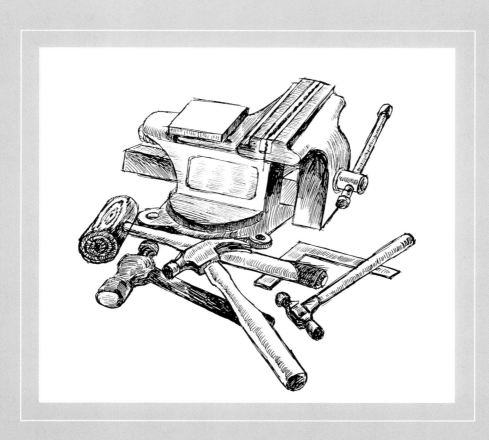

教学内容及课时安排

章 / 课时		课程性质 / 课时	节	课程内容
金工首饰设计与制作——基础篇	第 1 章 /4	应用理论 /4		工作区的建立
			1.1	功能区的划分
			1.2	不同功能区的设备与工具配置
			1.3	不同规模的工作区
	第 2 章 /80	应用理论与训练 /176		金属工艺基础技法
			2.1	平面錾刻工艺
			2.2	金属浮雕锻造工艺
	第 3 章 /96			首饰制作基础技法
			3.1	金属的手工起版
			3.2	金属表面肌理制作
			3.3	金属表面着色技术
			3.4	首饰作品的组装
金工首饰设计与制作——高级篇	第 4 章 /96	应用理论与训练 /192		金属工艺高级技法
			4.1	金属型材成形工艺
			4.2	立体器皿锻造工艺
	第 5 章 /96			首饰制作高级技法
			5.1	金属嵌接工艺
			5.2	宝石镶嵌工艺
			5.3	珐琅首饰
			5.4	特殊的首饰制作工艺

注 各院校可根据自身的教学特色和教学计划对课程时数进行调整。

目　录

金工首饰设计与制作——高级篇

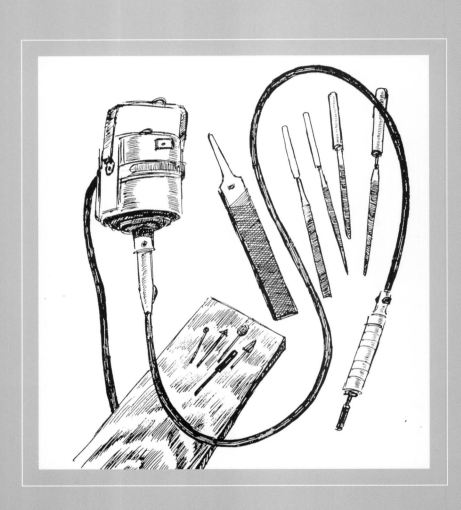

本书是一本全面介绍金属工艺和首饰制作工艺的教科书，书中涉及数十种金工首饰制作工艺，这些工艺都是从事金工首饰设计与制作的工作人员所必须了解和掌握的工艺技法。从金工首饰设计的角度来说，由于金工首饰艺术本身具有特殊的设计规律和制作特点，如果从业人员对这些特殊的规律和制作特点不够了解的话，是无法完成具体的设计或创作任务的，所以，对加工技法缺乏了解的确会造成设计创作的短板。换言之，对于一件金工首饰作品来讲，如果说是设计赋予了它灵魂，那么，赋予它生命的，则是完美的制作工艺。故而，在金工首饰艺术中，设计与工艺的关系，如同灵魂与生命的关系，假若没有生命，灵魂则无所依附。当然，本书并非一味强调工艺的重要性，而忽视了设计在作品中的地位，作者只是期望通过对丰富多彩的加工技法的讲解，使金工首饰的初学者能够逐步了解和掌握这些精彩纷呈的制作工艺，并且，期望他们在进入金工首饰艺术的大门之后，充分发挥个人的创造能力，大胆地探索和创新，发掘出具有个性色彩的金工首饰工艺技法。

本书共分为五章，第1章为工作区的建立、第2章为金属工艺基础技法、第3章为首饰制作基础技法、第4章为金属工艺高级技法、第5章为首饰制作高级技法。显而易见，作者把金属工艺和首饰工艺分成两个部分来讲述。虽然从传统工艺美术的角度来说，首饰工艺隶属于金属工艺，是金属工艺的一个分支，但现代金属艺术和首饰艺术经过多年的发展，两者都已经越来越独立，各自涵盖的范围也出现了变化，可以说，两者是相互独立又相互依存的关系。故此，作者把金属工艺和首饰工艺作为并列的关系来进行分别讲述。

第1章讲述如何建立工作区，分别介绍了不同规模的金工首饰工作区或工作室的不同配置与规划，对于独立的金工首饰设计师、教学单位或者工厂来讲，这些介绍都是十分具有参考价值的。

第2章介绍金属工艺基础技法，包括平面錾刻工艺和金属浮雕锻造工艺，以图文对照的形式，较为详细地向读者讲述了錾花工艺、雕刀雕刻工艺、錾刀雕刻工艺和金属浮雕锻造工艺。这些工艺都是金属加工的基础技法，是需要学习者勤加练习才能掌握的。

第3章为首饰制作基础技法，同样以图文对照的形式，较为详细地向读者讲述了金属的手工起版、金属表面肌理制作、金属表面着色技术、首饰作品的组装等内容，进一步细分，金属的手工起版又包括化料、压片、拔丝、镂刻、焊接、打磨与抛光等工艺，金属表面肌理制作包括利用外力改变金属的表面、利用化学的方法改变金属的表面、添加材料改变金属的表面以及特殊技法，金属表面着色技术包括贵金属表面着色工艺与普通金属表面着色工艺，首饰作品的组装包括首饰配件的制作和冷连接工艺，首饰配件的制作讲述了搭扣、别针、吊坠头等首饰配件的制作方法，冷连接工艺讲述了铆接、缠绕、捆绑等工艺。

第4章为金属工艺高级技法，介绍了金属型材成形工艺和立体器皿锻造工艺，其中，金属型材成形工艺讲述了金属圆圈、金属方框、金属球体以及金属管的制作方法。立体器皿锻造工艺讲述了锤子和砧子的造型及其日常维护、金属器皿的锻造法和肌理的制作法等。

第5章为首饰制作高级技法，介绍了金属嵌接工艺、宝石镶嵌工艺、珐琅首饰以及一些特殊的首饰制作工艺，其中，金属嵌接工艺讲述了多种贵金属与普通金属的嵌接技法，宝石镶嵌工艺讲述了包镶工艺、爪镶工艺、针镶工艺和镶嵌法的探索，珐琅首饰讲述了珐琅的烧造技巧和组装形式，特殊的首饰制作工艺讲述了多种独具魅力的首饰加工技法：树脂首饰制作、漆首饰制作、木材首饰制作、木纹金制作、花丝首饰制作以及编织首饰制作等技艺。这些首饰制作技艺不仅是传统文化的一部分，也是现代首饰艺术的活跃分子。

所有这些工艺技法的讲解均以图文对照的形式呈现在读者面前，讲解力求详尽和易懂，并且，这些工艺的介绍从低级到高级，从简单到复杂，给读者提供了一个工艺练习的进阶。读者只要循序渐进，持之以恒地加以练习，必定会有很大的收获。

金 工 首 饰 设 计 与 制 作 ——

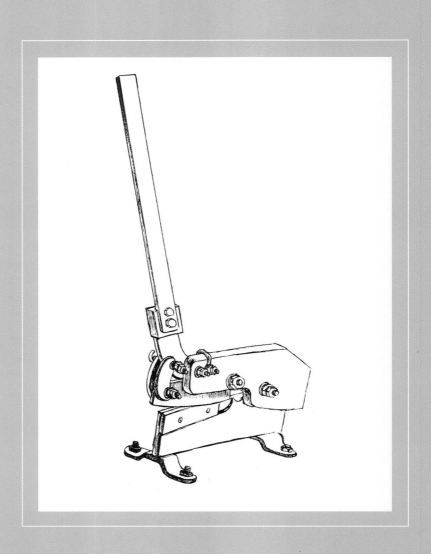

第 1 章

工作区的建立

Establishment of working area

作为一名金工首饰工作者，首要的任务就是建立一个舒适而安全的工作区域，这个区域不但要舒适而安全，还要做到高效与美观，当然，这是更高一层次的要求了。舒适与安全，又是与高效、美观紧密联系在一起的。试想，没有舒适，哪来的高效呢？

作为主体，首饰工作者又有不同的群体和个人之分，而群体和个人对工作环境、工作功能区的要求是不同的，甚至不同的群体也会有不同的要求；不同的个人之间，同样会有需求的差异。所以，如何建立工作室？建立怎样的工作室？每个人的答案不尽相同。在这里，作者根据多年浸淫首饰设计与制作教学的经验，以不同的需求作为出发点，设计了多种金工首饰工作室的规划方案。

1.1 功能区的划分

功能区划分的依据就是需求。不同的需求划定了不同的功能区域。需求可以根据具体的操作工艺而定，也可以根据不同的使用目的而定，当然，有些操作工艺和使用目的其实是有交叉的，所以，每一个工作区域的划定并非完全孤立，相互之间一定要有联系。

如果求大求全，一个完备的金工首饰工作室应该具有如下功能区：设计区、个体工作区、初级加工区、锻敲区、焊接区、清洗区、珐琅区、宝石琢形区、铸造区、化学区、抛光区、储藏区、数码区、设备区、展示区，以及会客区十六个功能区域。

● 设计区：在正式制作一件首饰作品之前，作品的设计工作可以在这个区域内完成。设计阶段包括草图、正式图，以及三视图的绘制。

● 个体工作区：个体工作区是首饰工作室里最重要的区域，在这个区域中，每一位工作者获得了相对独立的空间，许多重要的工艺和制作都在这里完成，如手工起版、执模、精修，等等。

● 初级加工区：这个区域设置为金属型材的简单加工区域。

● 锻敲区：这个区域设置为金属成形的加工区域。

● 焊接区：焊接区亦是首饰工作室重要的区域之一，主要满足焊接、退火、熔料等功能。

● 清洗区：应该说，清洗区并不能孤立地划分，因为有多个功能区都是需要与清洗区相连的，所以，一个金工首饰工作室往往需要好几个清洗区。顾名思义，清洗区的主要功能就是清洗、去污。

● 珐琅区：主要用于制作珐琅烧造、制作珐琅首饰以及珐琅装饰片。珐琅还有所谓软珐琅与硬珐琅之分，所以珐琅区的设置要区别对待。

● 宝石琢形区：这个区域满足宝玉石的琢形及抛光工艺。

● 铸造区：现代铸造工艺分工较细，如果需要满足不同的铸造需求，则对设备的要求较高。

● 化学区：这个区域主要满足化学着色、金属表面清洗、电镀工艺等需求。

● 抛光区：这个区域主要满足作品的抛光需求。

● 储藏区：储藏区相对需要较大的空间，各式工具和材料都可以储藏在这里，做到分门别类，井井有条。

● 数码区：这里可以满足数控加工工艺的需求。

● 设备区：主要放置大型的精密设备。

● 展示区：展品陈列的区域，使公众对工作室的成果有直接的了解，是一扇沟通和交流的窗口，对于一个完备的金工首饰工作室来说，展示区也是十分重要的。

● 会客区：这是一个会客以及休憩的区域，对于一个完备的金工首饰工作室来说，同样不可或缺。

此外，一个健全的工作室还需要一个整体排风系统，以保证工作室内部的空气流通与净化，对于保护工作者的身心健康，这一点是十分重要的，否则，金工首饰的工作者如果长期在一个到处充满粉尘、空气质量不佳的环境下工作，易患相关的职业病，如鼻炎、咽喉炎等。

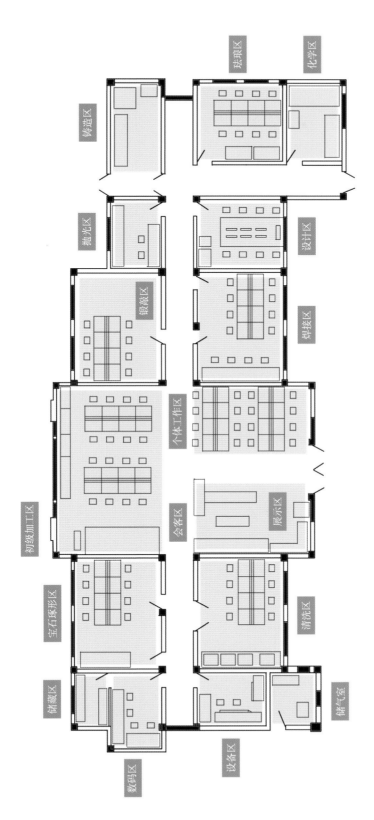

▲ 金工首饰工作室平面图示例

1.2 不同功能区的设备与工具配置

由于不同的使用功能，各个功能区需要配备的设备与工具也不尽相同。

- 设计区：主要配备办公用具，如电脑、扫描仪、打印机、画板、办公桌椅、灯具、书架、绿色植物等。
- 个体工作区：主要配备首饰工作台、灯具、吊机悬挂架、常用工具架等。
- 初级加工区：主要配备拔丝机、压片机。
- 锻敲区：主要配备工作台、台钳、钢砧、手动压片机、台式裁片机、砂轮机、砂带机、台钻、打字印机、戒指缩小扩大器等。
- 焊接区：主要配备火枪、焊接台、燃气管道、通风管道设备等。
- 清洗区：主要配备水槽、水管、灯具等。
- 珐琅区：主要配备高温电炉、钢砧、电热风烤箱、工作台、通风管道设备、灯具等。
- 宝石琢形区：主要配备磨宝石机、玉雕机、抛光机、显微镜、清洗水槽等。
- 铸造区：主要配备离心铸造机、抽真空机、真空铸造机、高温电炉、气动水口剪、真空注蜡机、压模机、石膏抽真空及搅拌机、焊蜡机、熔金炉、通风管道设备、清洗水槽等。
- 化学区：主要配备通风柜、化学操作平台、电金机、废液处理箱、灯具、通风管道设备、清洗水槽等。
- 抛光区：主要配备双头吸尘抛光机、飞碟机、小型双头抛光机、滚筒抛光机、超声波清洗机、磁力抛光机等。
- 储藏区：主要配备铁皮柜、储藏架、中央吸尘机等。
- 数码区：主要配备数控车床、数控雕蜡机、数码雕刻机、电脑、灯具、清洗水槽等。
- 设备区：主要配备激光电焊机、打标机、喷砂机、切割机、小型车铣床、大型电动压片机、电动拔丝机、珍珠打孔机、刻花机、水焊机、车花机、液压机、蒸汽清洗机、电子磅、空气压缩机、燃气罐、灯具等。

▲ 个人工作区

▲ 锻敲区

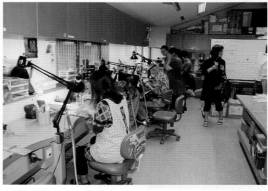

▲ 设计兼个人工作区

▲ 展示区

● 展示区：主要配备投影系统、展柜或展台、小型展具、保险柜、灯具、绿色植物等。
● 会客区：主要配备沙发、茶几、储藏柜、绿色植物、灯具等。

▲ 初级加工区

▲ 工具储藏区

▲ 储藏区

▲ 设备区

1.3 不同规模的工作区

显然，不同规模的工作室应该有不同的机械配置、工作面积以及不同的功能区布局。此处以 100 人、50 人以及 10 人以下工作室为例，介绍不同规模的工作区域应该具备的相关条件，仅作为读者建立金工首饰工作室的参考。

如果一个金工首饰工作室需要满足一百人左右的使用要求，尤其是教学要求，那么，这个工作室的建设就是全方位的，它不但要满足日常教学，还要顾及教师的科研和创作，另外，安全问题上升到了首位，因为，人多手杂，有些安全生产操作细节往往容易被忽略，从而导致安全隐患。

1.3.1 百人规模工作室

可满足百人左右工作和学习要求的金工首饰工作室需要具备如下条件：

工作室面积约在 1000 平方米左右，设置十六个功能区域：设计区、个体工作区、初级加工区、锻敲区、焊接区、清洗区、珐琅区、宝石琢形区、铸造区、化学区、抛光区、储藏区、数码区、设备区、展示区，以及会客区等。

● 设计区：配备办公桌椅、灯具、书架、绿色植物。

● 个体工作区：配备首饰工作台、灯具、吊机悬挂架、常用工具架。

● 初级加工区：配备拔丝机、压片机。

● 锻敲区：配备工作台、台钳、钢砧、手动压片机、台式裁片机、砂轮机、砂带机、台钻、打字印机、戒指缩小扩大器。

● 焊接区：配备火枪、焊接台、燃气管道、通风管道设备。

● 清洗区：配备水槽、水管、灯具。

● 珐琅区：配备高温电炉、钢砧、电热风烤箱、工作台、通风管道设备、灯具。

● 宝石琢形区：配备磨宝石机、玉雕机、抛光机、清洗水槽。

● 铸造区：配备离心铸造机、抽真空机、真空铸造机、高温电炉、气动水口剪、真空注蜡机、压模机、石膏抽真空及搅拌机、焊蜡机、熔金炉、通风管道设备、清洗水槽。

● 化学区：配备通风柜、化学操作平台、电金机、废液处理箱、灯具、通风管道设备、清洗水槽。

● 抛光区：配备双头吸尘抛光机、小型双头抛光机、滚筒抛光机、超声波清洗机、磁力抛光机。

● 储藏区：配备铁皮柜、储藏架、中央吸尘机。

● 数码区：配备数控车床、数控雕蜡机、数码雕刻机、电脑、灯具、清洗水槽。

● 设备区：配备激光电焊机、打标机、喷砂机、切割机、小型车铣床、大型电动压片机、电动拔丝机、珍珠打孔机、刻花机、水焊机、车花机、液压机、蒸汽清洗机、电子磅、空气压缩机、燃气罐、灯具。

● 展示区：配备投影系统、展柜或展台、小型展具、保险柜、灯具、绿色植物。

● 会客区：配备沙发、茶几、储藏柜、绿色植物、灯具。

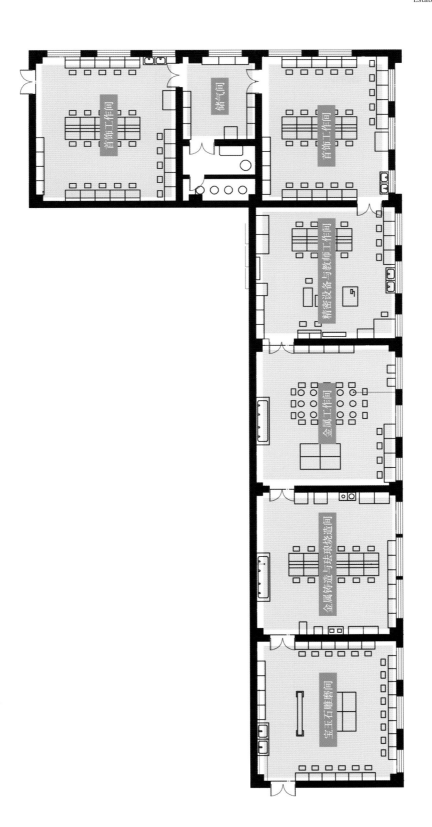

▲ 金工首饰工作室平面图示例（100 人左右）

1.3.2 50 人规模工作室

可满足 50 人左右工作和学习要求的金工首饰工作室需要具备如下条件：

工作室面积约在 500 平方米左右，设置十三个功能区域：个体工作区、初级加工区、锻敲区、焊接区、清洗区、珐琅区、铸造区、化学区、抛光区、储藏区、数码区、设备区、展示区等。

- 个体工作区：配备首饰工作台、灯具、吊机悬挂架、常用工具架。
- 初级加工区：配备拔丝机、压片机。
- 锻敲区：配备工作台、台钳、钢砧、手动压片机、台式裁片机、砂轮机、砂带机、台钻、打字印机、戒指缩小扩大器。
- 焊接区：配备火枪、焊接台、燃气管道、通风管道设备。
- 清洗区：配备水槽、水管、灯具。
- 珐琅区：配备高温电炉、钢砧、电热风烤箱、工作台、通风管道设备、灯具。

- 铸造区：配备抽真空机、真空铸造机、高温电炉、气动水口剪、真空注蜡机、压模机、石膏抽真空及搅拌机、焊蜡机、熔金炉、通风管道设备、清洗水槽。
- 化学区：配备通风柜、化学操作平台、电金机、废液处理箱、灯具、通风管道设备、清洗水槽。
- 抛光区：配备双头吸尘抛光机、小型双头抛光机、滚筒抛光机、超声波清洗机、磁力抛光机。
- 储藏区：配备铁皮柜、储藏架、中央吸尘机。
- 数码区：配备数控车床、数控雕蜡机、数码雕刻机、电脑、灯具、清洗水槽。
- 设备区：配备激光电焊机、喷砂机、切割机、小型车铣床、大型电动压片机、电动拔丝机、液压机、蒸汽清洗机、电子磅、空气压缩机、燃气罐、灯具。
- 展示区：配备投影系统、展柜或展台、小型展具、保险柜、灯具、绿色植物。

▲ 金工首饰工作室平面图示例（50 人左右）

1.3.3　10 人以下规模工作室

可满足 10 人以下工作和学习要求的金工首饰工作室需要具备如下条件：

工作室面积约在 100 平方米左右，设置七个功能区域：个体工作区、锻敲区、焊接区、清洗区、抛光区、储藏区、设备区。

● 个体工作区：配备首饰工作台、灯具、吊机悬挂架、常用工具架。

● 锻敲区：配备工作台、台钳、钢砧、手动压片压丝机、台式裁片机、砂带机、台钻、戒指缩小扩大器。

● 焊接区：配备火枪、焊接台、燃气管道、通风管道设备。

● 清洗区：配备水槽、水管、灯具。

● 抛光区：配备小型双头抛光机、滚筒抛光机、超声波清洗机。

● 储藏区：配备铁皮柜、储藏架。

● 设备区：配备小型车铣床、电子磅、空气压缩机、燃气罐。

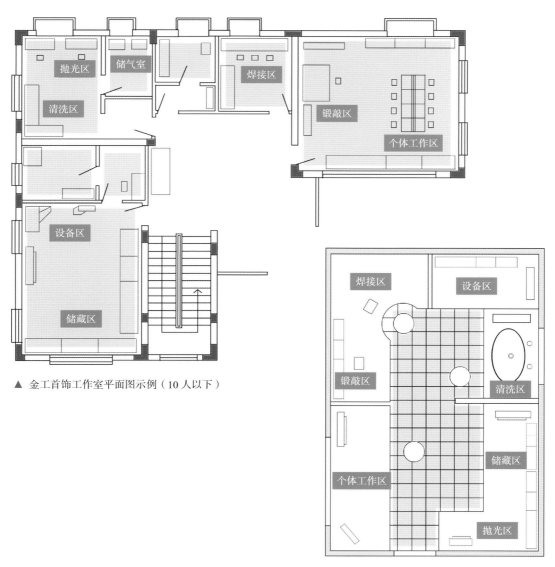

▲ 金工首饰工作室平面图示例（10 人以下）

▲ 金工首饰工作室平面图示例（1 ~ 2 人）

▲ 国内外不同规模的金工首饰工作室实景图

思考题与练习

1. 一个合格的首饰工作室，需要划分几个基本的作业区？
2. 焊接区域需要配备哪些工具和设备？
3. 如何合理地设计一个可满足 3 人使用的首饰工作室？
4. 练习绘制首饰工作室的平面图。

第 **2** 章

金属工艺基础技法

Basic techniques of metalsmith

2.1　平面錾刻工艺

一般来说，平面类的制作技法是立体类的制作技法的基础，如果能够熟练掌握甚至创造性的发挥平面制作技法，那么，就会为下一步立体作品的设计与制作，奠定坚实的基础，从而极大地拓展自己的设计创作空间。因为，金属工艺是一门特殊的工艺，它与加工工艺或者制作技巧的关系十分密切，从某种意义上来说，如果对加工工艺一窍不通的话，是无法开展设计工作的。另外，正所谓"艺不压身"，多掌握一种技法，就多一种艺术语言，多一点艺术表现力。

金属工艺的基础技法包括錾花、雕刻，以及浮雕锻造工艺，只要勤于练习，掌握起来还是比较容易的，当然，如果想要在其中或者多个领域有所建树，那就另当别论了。我们知道，有些民间艺人，终其一生实践某一种或几种金属工艺，才可以在相关领域建立属于自己的地位，取得一定的成绩。所以，对于初学者或者艺术设计者来说，掌握工艺原理，了解制作流程，思考工艺与设计的关系，才是最为重要的。

平面錾刻工艺是指能够在金属片上，或者相对平整的金属表面留下圆点、线条，甚至块面状的痕迹或凹槽的工艺，制作者为了达到这个目的，使用各种锤子、錾子和雕刻刀，在质地较软的金属上进行锤敲和雕刻，并在这些凹陷处运用其他的金属加工工艺如金属着色工艺，使得凹陷处与金属的表层形成色彩对比、纹理对比，从而使平面錾刻作品具有较高的艺术表现力。

錾花、雕刻，以及浮雕锻造工艺都是古老的金属加工工艺。笔者在民间考察金属工艺生产状况时吃惊地了解到，当代的金工匠所使用的制作工具，与两千年前的金工匠所使用的基本没有差别，不仅国内如此，国外亦然。这不仅使人感叹"太阳底下无新事"啊！从另一个方面，也说明金属工艺在民间的传承具有相对稳定性。

2.1.1　工具与设备

总的来看，平面錾刻工艺包括：錾花工艺和雕刻工艺，所使用的工具大致有：錾子、雕刻刀、沥青胶、锤子、火枪、酸液或明矾水，等等。这些工具里边，除了錾子是需要自制的，其他工具都可以在首饰器材店买到，当然，也可以在首饰器材店买到錾子的胚子，但錾子的錾头是必须要根据个人需求来制作和打磨的。不过，从首饰器材店买到的字印錾子和图案錾子是无须再加工的，只需用砂纸稍作修整，就可以直接使用。

部分平面錾刻工艺使用的工具

2.1.2 錾刻工艺流程

錾刻工艺包括錾花工艺和雕金工艺。其中，錾花工艺只需借助锤敲来完成，而雕金工艺又分两种：雕刀雕刻与錾刀雕刻。

錾花工艺操作示范：银片

錾花工艺是指用比较锋利的錾子在金属片上錾出凹陷的花纹图案，而金属片的整体仍旧维持在同一水平面上的工艺。雕金工艺，顾名思义，是指利用不同形状的、锋利的雕

刻刀，在金属表面剔出槽线，而金属片的整体仍旧维持在同一水平面上的工艺。

▲ 錾花银片

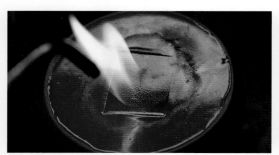

1 将火漆碗的台面用软火熔化，注意焰炬要保持移动，不可固定在某一区域，否则，会把局部的火漆烧焦。

2 趁火漆熔化的时候，把退过火以及洗净后的银片放上去，轻轻按压，使之深入火漆的表层。

3 用铅笔把设计稿描在银片上，如果有画错的线条，尽量不要用橡皮擦，重画一根线条即可。

4 挑选合适的錾子沿铅笔线条走一遍，錾出清晰流畅的线条。线条的錾刻需不断练习才能做到平稳和流畅。

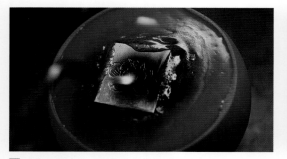

5 线条錾刻完毕，用软火加热银片，边加热边用镊子夹起银片，直到银片与火漆碗分离。

6 把银片正反面的火漆用火枪烧掉，再用砂纸打磨，之后浸酸，再用铜刷子刷干净。银片的錾花就算完成了。

雕金工艺操作示范：雕刀打磨与安装

　　雕金工艺分两种：雕刀雕刻与錾刀雕刻。所谓雕刀雕刻就是徒手操作雕刻刀在金属片上进行雕刻的工艺；所谓錾刀雕刻就是一只手紧握錾刀，另一只手用锤子敲击錾刀，在金属片上剔出槽线的工艺。

　　雕金工艺完成后，金属片的整体仍旧维持在同一水平面上。

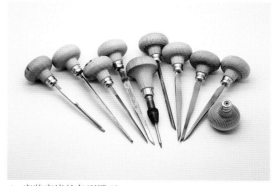

▲ 安装完毕的各型雕刀

1 通常，在首饰工具器材店就能买到各种形状的雕刀。雕刀买来以后，需要自己打磨和安装。首先，用砂轮机打磨雕刀的尾部。

2 直到雕刀的尾部被打磨成如图的形状。

3 再用砂轮机打磨雕刀头部的刀背，千万不要出现误操作，打磨到了刀刃部分，否则，雕刀就被毁坏了。

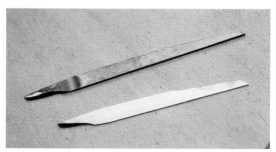

4 直到雕刀的头部被打磨成如图的形状。

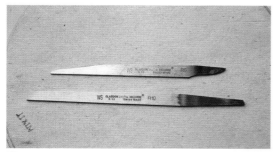

5 图中，下方雕刀未经打磨，上方雕刀是已经完成打磨工作了的。大家可以比较一下，就很清楚该如何打磨了。

6 用锯子把圆形"蘑菇头"把手的一端锯掉。

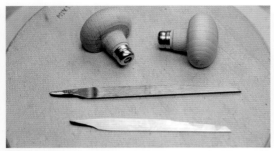

7 图中的"蘑菇头"把手和雕刀都是已经完成加工工作了的，剩下的工作就是把它们组装在一起。

8 把完成打磨的雕刀的尾部倾斜插进蘑菇头，雕刀与蘑菇头的角度约为40°，如图。这里需要注意，雕刀插进蘑菇头的方式有两种：斜插和直插，所以有斜柄雕刀和直柄雕刀两种。斜柄雕刀适用于在平面金属表面进行雕刻，而直柄雕刀则适用于在曲面金属表面进行雕刻。

9 把雕刀的头部插进一块木头中，然后用錾花锤敲击蘑菇头，使雕刀尾部插进蘑菇头，并被固定住。

10 当雕刀尾部被牢牢地插进蘑菇头，不再有任何晃动的时候，雕刀的安装工作宣告结束。

11 从木头中拔出完成安装的雕刀，用金刚砂磨石打磨雕刀的刀头，使雕刀保持锋利，如图。

12 完成雕刀的安装和打磨，接下来，就可以开始雕金了。

雕刀雕刻操作示范：黄铜片

▲ 雕刀雕刻黄铜片（李欣演示）

1 准备一个转台，这种转台在首饰工具器材店都能买到。把固定好的金属片放在转台上，雕金时不断地旋转转台，有助于雕刻出流畅的曲线。

2 把黄铜片用木块固定，再把需要雕刻的纹样转印到黄铜片上。

3 开始雕刻之前，注意手握雕刀的姿势，大拇指和食指捏住雕刀，中指紧靠刀尾，无名指和小指则紧紧地抵住蘑菇头，如图。大拇指和食指注意佩戴指套，以保护手指。

4 用 5 号三角刀（刀边刀）雕刻主纹样的外轮廓线。注意雕刀与金属面的角度约为 20°。手指紧握雕刀，用上臂的力量推动雕刀的雕刻，小臂与手腕则基本保持直线。

5 直到雕刻完所有主纹样的外轮廓线。

6 用 800 目砂纸小心地打磨金属表面，使主纹样的外轮廓线清晰地显露出来。

7 再用 2B 铅笔把下一步需要雕刻的纹样在金属片上细心地描绘出来。

8 用 3 号三角刀雕刻细小的纹样线条。注意雕刀与金属面的角度约为 20°。

9 用 800 目砂纸小心地打磨金属表面，使细小纹样的线条也清晰地显露出来。

10 用 1 号三角刀雕刻叶片纹样的叶脉。注意雕刀与金属面的角度约为 20°。

11 同样用 1 号三角刀雕刻中部花蕊纹样部分的细线条。再用 800 目砂纸小心地打磨金属表面，使这些细线条显露无遗。

12 用 14-6 号勾丝刀雕刻纹样背景的细线条。注意雕刀与金属面的角度约为 20°，雕刻的力度要均匀。

13 用 800 目砂纸小心地打磨金属表面，使所有的线条都清晰地显露出来。

14 检查整个画面，看看是否有遗漏雕刻的部分，最后完成整件作品的雕刻。

錾刀雕刻操作示范：紫铜片

▲　錾刀雕刻紫铜片

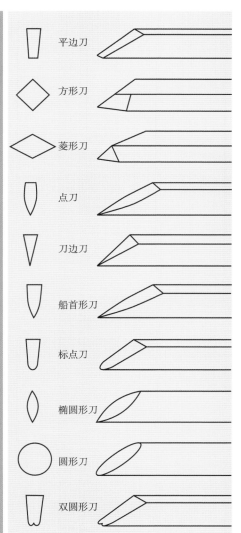

平边刀

方形刀

菱形刀

点刀

刀边刀

船首形刀

标点刀

椭圆形刀

圆形刀

双圆形刀

雕刻刀的类型

1 用软火把火漆的表层熔化，把洗净的紫铜片摁进火漆中，待火漆冷却凝固后，就可以雕刻了。

2 用铅笔把设计稿描绘到紫铜片上，线条的描绘尽量流畅，不要过多地修改。

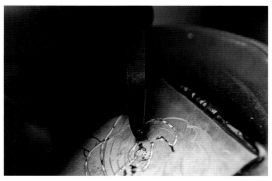

3 用锤子敲击錾刀，使錾刀顺着铅笔线条雕刻一遍，线条的錾刻尽量流畅。

4 錾刀雕刻也是一种需要勤加练习的工艺技法，所谓熟能生巧，不断实践，才会积累更多的操作经验。

艺廊 Gallery / 金工錾刻作品

<table>
<tr><td>1</td><td>2</td></tr>
<tr><td colspan="2">3</td></tr>
</table>

1. 银盘，爱德华·摩尔（Edward C. Moore），银。
2. 餐具，彼得·马格罗夫（Peter Musgrove），银。
3. 胸针，安雅·比勒（Anya Kristin Beeler），银、贝壳、珍珠、墨水。

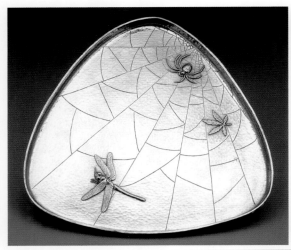

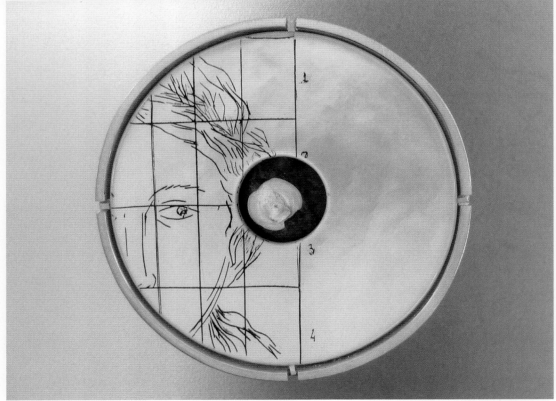

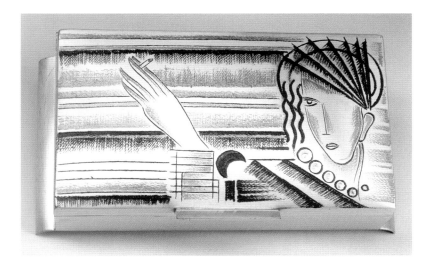

1
——
2
——
3

1. 香烟盒，卡尔·霍辛格
   （Karl Holzinger），黄
   铜镀银。
2. 银盘，爱德华·摩尔，银。
3. 餐具，罗德·科里（Rod
   Keiiy），银。

2.2 金属浮雕锻造工艺

金属浮雕锻造工艺在现代金属艺术尤其是壁画艺术中使用十分广泛，之所以广受欢迎的原因在于金属浮雕工艺的制作流程相对简单，成本不算昂贵，而其使用的材质（大多为紫铜）的耐久性人所共知。紫铜浮雕经过着色之后，能够显示出比较沉稳古旧的颜色，色调较为高雅、含蓄，能够与周边的环境很好地融合。另外，紫铜浮雕大多立于户外，其材质经得起风吹日晒，保存时间若非人为破坏，是比较长久的。

在传统的金属工艺文化中，锻造工艺也是不容忽视的一种加工工艺，纵观工艺美术史，许许多多的器皿作品里都可以见到锻造工艺的身影，古今中外莫不如此，可见锻造工艺是全世界共同的金属艺术传统，所以，在现代金属艺术中传承和发扬锻造工艺是不言自明的。

金属锻造工艺在体积较小的金工首饰作品中同样有用武之地，我们可以从中外诸多金工首饰艺术名家的作品中见到锻造技术的应用。

2.2.1 工具与设备

用于锻造工艺的工具和设备相对比较简单，包括錾子、锤子、沙袋、垫胶、油泥、溶液槽、化学着色剂、硫酸、地板蜡等，设备只需火枪、天然气、空气压缩机，有条件的可以购置储气罐，建立独立的储气室。

用于浮雕锻造的工具主要是錾子，它就如同绘画用的笔一样重要。錾子头部的形状各个不同、大小不一，制作材料为工具钢，可以在废品收购站买到工具钢，也可以从首饰器材店购买到钢坯子，然后再根据自己的具体需要来加工錾头。根据不同的使用目的，錾子大致分为敲铜专用錾子和敲银（金）专用錾子。敲铜专用錾子比较粗，而敲银（金）专用錾子则较细。在平素的工作中，要注意积累不同造型和大小的錾子，以免要用的时候找不到而临阵磨枪。

垫胶通常由松香、立德粉（大白粉）和油（食用油即可）调制而成，松香与立德粉的比例大致为一比一，而油的使用量则根据实际的熬胶情况来决定，如果熬制出来的垫胶冷却后较软，就少放一点油，如果较硬，则可以再添加一些油。

紫铜氧化着色的化学品主要是硫化钠，在塑料槽中把硫化钠晶体与清水调配好，待紫铜完成锻造之后，先用硫酸液洗净表面，用清水冲干净酸液以后，就可以浸泡在硫化钠溶液中进行表面着色处理了。

▲ 敲铜专用錾子

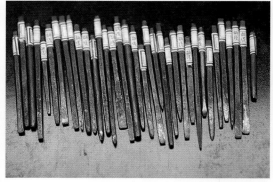

▲ 敲银专用錾子

项目	平面图	立面图	侧面图	项目	平面图	立面图	侧面图
正方形				弧线形			
正方形				弧线形			
长方形				拱形			
长方形				拱形			
线形				圆形			
线形				圆形			
点形				环形			

▲　常用錾子形状图 – 1　　　　　　　　　　　▲　常用錾子形状图 – 2

2.2.2 浮雕锻造工艺流程

　　浮雕锻造工艺的流程包括：草图设计、制作泥稿、裁剪铜片、起大形、垫胶、细节錾刻、退胶、表面着色。当然，这只是一个流程大纲，因为，在具体的制作实践中，每一个步骤都有可能出现反复，每一个步骤都需经过不断地练习。

浮雕锻造工艺流程示范：紫铜

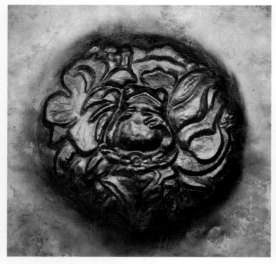

▲ 紫铜浮雕锻造（崔桠楠演示）

1 先在纸面上画好设计稿，然后用油泥根据设计稿制作出泥稿。泥稿的制作不用太过精细，能看出整体的体积和起伏关系就可以了。

2 再把设计稿用记号笔画到铜片上，选用一支点錾子，以虚线的形式把设计稿的轮廓线錾刻一遍，目的在于铜片经过退火之后还能看清楚设计稿的轮廓线。

3 铜片经过退火之后，用橡胶锤、木锤或者木錾子从铜片的背面把形体顶起来，这就是所谓的起大形。注意，必须垫在沙袋上操作。

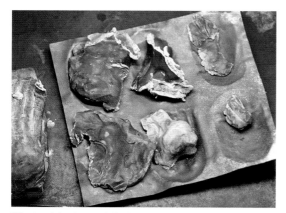

4 可以先把油泥垫在铜片的背面，再从正面进行锻造，此时，还没有进入细节锻造的阶段，所以，质地较软的油泥恰好可以胜任这个阶段的锻造任务。

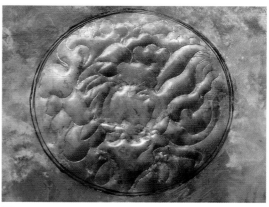

5 背面垫好油泥后，从铜片的正面开始锻敲，首先沿着先前用点錾子敲好的虚线进行锻敲，使轮廓形体有一个初步的显现。

6 从铜片的背面退去油泥，把铜片退火，继续用各种錾子从背面锻敲，使作品各部分的形体达到要求的高度。

7 退火之后，背面再次垫好油泥，用线条錾子从铜片正面强调一遍轮廓线，使作品的形体更加饱满、此时，应该要有一些局部塑造了。

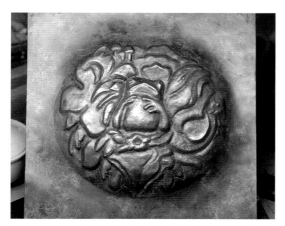

8 在铜片的背面垫好沥青胶，从正面进行局部和细节的锻敲，再退去背面的沥青胶，从背面修改形体，如此反复。

9 给铜片退火，用较细的錾子把细节塑造到位，再用较粗的錾子修理整体造型，使作品有主有次。退胶后用硫酸清洗表面，再用硫化钠溶液着色，作品完成。

浮雕锻造工艺流程示范：黄金片

　　有时候，经锻造而成的浮雕装饰的外围并不呈现方正的造型，而是随浮雕的外轮廓而出现变化，甚至与浮雕的外轮廓完全一致，这就是所谓的"异形"浮雕。

　　异形浮雕就是待主体的浮雕完成之后，依据主体浮雕的外轮廓线，使用锯子把主体浮雕锯下来，以备他用。通常，异形浮雕都是作为装饰部件来使用的，故而，其体量相对较小。

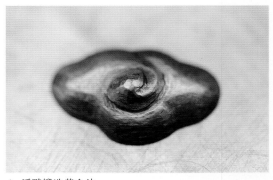

▲ 浮雕锻造黄金片

1 准备一块厚度为0.8毫米的24K黄金片，退火之后洗净待用。

2 把火漆的表面用软火加热，在火漆没有变硬之前，把画好纹样的黄金片轻轻按压到火漆之中。

3 使用圆錾敲出纹样的大形，其深度应该略大于最终纹样的实际高度。

4 给黄金片退火，再次把黄金片按压到火漆中，选用线錾和圆錾从正面来塑造纹样的细节。

5 再用平头錾修整纹样的整体造型，去除纹样中多余的印痕，使纹样的表面平整光滑。

6 从火漆上卸下完成浮雕锻造的黄金片，用锯子沿纹样的边沿把整体纹样锯下来，完成异形浮雕的制作。

艺廊 Gallery 金属浮雕锻造作品

1	2
3	

1. 金属浮雕，贴佐美行，银、紫铜。
2. 金属浮雕，贴佐美行，银、紫铜。
3. 盘子，阿维里·卢卡斯（Avery Lucas），紫铜、黄铜。

1
—
2

1. 金属浮雕，贴佐美行，紫铜。
2. 金属浮雕，八衫和男，珐琅、
   紫铜。

思考题与练习

1. 平面錾刻工艺有哪些分类？

2. 常用的雕刻刀有哪几种？

3. 用雕刀在黄铜或紫铜片上雕刻花卉纹样。

4. 练习用錾刀雕刻工艺在紫铜片上雕刻人物纹样。

5. 在紫铜片上练习浮雕锻造工艺。

6. 用錾子在紫铜片上练习线条錾刻工艺。

第 **3** 章

首饰制作基础技法

Basic techniques of jewelry making

首饰的制作技法从基础的到高级的，其形式多种多样，本书介绍金属的手工起版、金属表面的肌理制作、金属表面着色技术以及作品的组装工艺。学习和掌握了这几项基本的制作技法，应该说，基本上可以实现自己的首饰设计与制作蓝图了。

不断地实践是掌握首饰制作技法的唯一方法，所谓"熟能生巧"是也。我们只有在具体的操作实践中积累经验，才可以创造性地解决一些具体的操作困难，并且使自己的加工制作达到精细和完美的程度。要知道，一件首饰作品的成败有时候往往取决于细节的制作工艺，而专业的首饰制作者是不会轻易放过任何一个局部细节的。

虽然是基本的首饰制作技法，如果创造性地运用，同样可以出彩。

3.1　金属的手工起版

手工起版是与铸造起版相对而言的，意思是说，首饰的各个部件都是经由纯手工制作而成，从化料、拔丝压片，到部件之间的焊接，再到作品的打磨抛光，都需要一点一滴、循序渐进地展开。手工起版的作品基本上都是独此一件，如果想要实现批量制作，则可以用这件手工起版的成品作为模子，开胶模，然后注蜡模，种上蜡树，就可以批量铸造了。而铸造作品质量的高低，与手工起版作品的质量的高低直接相关，可见手工起版作品的重要性。

3.1.1　工具与设备

用于手工起版的工具基本上都是必备的，比如锯弓和锯条、各式锉子、镊子、锤子、机针、油槽、焊接台等，设备有压片压丝机、拔丝机、吊机、火枪等。可以说，所有用于手工起版的工具和设备加在一起，基本上就可以组成一个迷你型的首饰工作室。所以，掌握这些工具与设备的正确使用和操作方法，有着至关重要的意义。

手工起版的工具与设备大体可分为裁切、焊接、打磨、抛光和简单成形等五类。锯弓和锯条属于裁切类；焊接类则有火枪、焊接台等；打磨抛光类包括锉子、吊机、各式机针；简单成形类有锤子、压片压丝机、拔丝机、油槽等。当然，在市场上可以买到的相关工具和设备是多种多样的，种类实在繁多，在此并不一一列出。

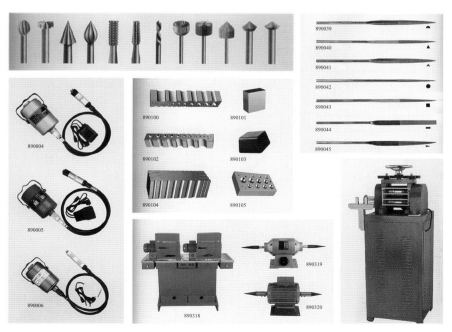

3.1.2 化料

化料是进行手工起版的第一个步骤，或者说，是进行首饰制作的第一个步骤。它虽然是一道比较简单的工序，但也要经过多次尝试，才能比较好地掌握火候的大小、浇铸的速度、计算油槽的最大容量等等技术问题，另外，它还是制作焊药与各种合金的基本技术手段，所以，化料绝对是一项不容忽视的基本功。

化料的程序大致包括：选料、重量估算、熔金、浇铸、清洗等几个阶段。

▲ 使用油槽化料而获得的金属片材

1 颗粒状的银料相对比较容易熔化，所以是较好的原材料。除了颗粒状的银料之外，还有块状的、废旧银质碎块以及银粉末等几种银料可供选择。

2 这种小型的油槽的熔料量比较有限，如果是制作小件首饰作品，这种油槽已经足够用了。它可以浇铸金属片以及金属丝两种类型的型材。

3 用电子秤给银料称好重量后，把银料倒入坩埚中，用大而密集的焰炬加热，注意观察银料受热后的变化。

4 银料逐渐熔化，并在坩埚里形成球状。此时，如果金属液的表面比较脏的话，可以往金属液的表面撒一些硼砂粉末，这样可以去除污垢。

5 用坩埚钳夹起坩埚来回摇晃，如果金属球也随之来回滚动，则证明金属料已经彻底熔化。此时，略微倾斜坩埚料，使焰炬也可以烧灼到油槽，从而给油槽预热。

6 使坩埚的浇铸口对准油槽，把熔液浇铸进去。浇注时不要移开焰炬，浇铸动作要快，以免金属液冷却或者金属片发生断层。冷却后打开油槽，完成化料。

3.1.3　压片

金属片的厚度不同,用途自然也就不一样。如何才能根据自己的意愿来决定金属片的厚薄呢?使金属变薄的方法有许多,目前应用最多的、也是最有效的,就是使用压片机碾轧。在压片机的碾轧作用下,金属片会越来越薄,当你获得所需的厚度时,停止碾压即可。

压片机碾轧金属片只会使金属片越来越薄,不能使它变厚,所以,一定要对所需的厚度一清二楚,否则,一旦金属片轧得太薄了,就只能重新化料和碾轧。

Gauge 是起源于北美的一种关于直径的长度计量单位,属于 Browne & Sharpe 计量系统。最初用在医学和珠宝领域,后经推广也用于表示厚度。Gauge 的数字越大,其直径、厚度就越小、越薄,我们要熟悉这种计量系统,这样当我们从市场上购买金属片时,会给我们带来极大的便利。

下面的图表为厚度换算表,通过此表可以轻易获得 Gauge、毫米和英寸之间相对应的数值。

B&S Gauge	毫米	英寸
0	8.5	0.325
1	7.3	0.289
2	6.5	0.257
3	5.8	0.229
4	5.2	0.204
5	4.6	0.182
6	4.1	0.162
7	3.6	0.144
8	3.2	0.128
9	2.9	0.114
10	2.6	0.102
11	2.3	0.091
12	2.1	0.081
13	1.8	0.072
14	1.6	0.064
15	1.45	0.057
16	1.30	0.051
17	1.14	0.045
18	1.0	0.040
19	0.9	0.036
20	0.8	0.032
21	0.7	0.028
22	0.6	0.025
23	0.55	0.022
24	0.50	0.020
25	0.45	0.018
26	0.40	0.016
27	0.35	0.014
28	0.30	0.012
29	0.27	0.011
30	0.25	0.010

▲ 金属厚度换算表

1 化料和倒料之前,一定要把油槽的宽度调整到与所需金属片的宽度相同或近似,这样,压片时只需朝一个方向碾轧就行,大大地提高了压片的效率。

2 把金属料塞进压片机滚轮之间的缝隙,转动滚轮,完成一次碾轧。

3 每完成一次碾轧,都要旋转压片机顶端的把手,使滚轮之间的缝隙变得更小。这样,金属片不断地从缝隙中碾过,其厚度就越来越小。

4 当金属片的厚度达到了所需的数值,就可停止碾轧,洗净备用。

3.1.4 拔丝

　　金属丝的剖面呈现多种多样的形状，如正方形、长方形、圆形、半圆形、三角形、多边形、月牙形、花形以及其他的多种造型，也就是说，可供我们使用的金属丝的种类是相当丰富的。这些不同形状的金属丝都是通过造型各异的拔丝板拔出来的。所以，尽可能多地准备不同造型的拔丝板，就能获得更多的金属丝的造型，从而拓展作品的表现力。

　　纯度越高的金属丝越容易通过拔丝板的孔洞，而低纯度的合金比较硬，所以很难顺利通过拔丝板的孔洞。即便是纯度高的金属，也要在拔丝的过程中不断地退火，否则，金属丝极有可能会发生断裂。

　　与压片相似，拔丝的过程也是使金属丝越变越细的过程，不可能相反，所以，一定要对所需的金属丝的粗细心中有数，要不然，一不留神，金属丝拔得过细了，只好重新化料和拔丝。

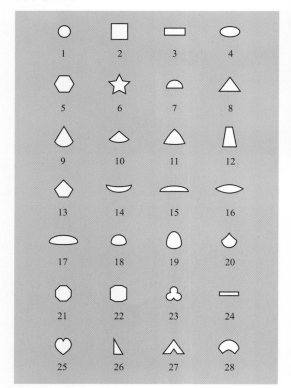

▲ 不同形状的拔丝板

1 用于拔丝的原材料应该是线材，所以化料时，就要把材料浇铸成柱状或线状。

2 通常，压片机的滚轮的一侧，都会有压丝槽，圆形的线材可以首先经过压丝槽的碾轧，这样可以使线材快速变细，当然，此时，金属丝的横截面为正方形。

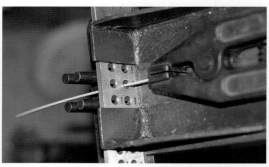

3 当方形金属丝足够细、可以通过拔丝板的孔洞时，改用拔丝板来继续减少金属丝的尺寸，拔丝板可以十分精确地控制金属丝的粗细。

4 拔丝的过程中应不断给金属丝退火，使其变软，以便继续拔丝。一旦获得所需的尺寸，即刻停止拔丝。

3.1.5　镂刻

镂刻是一种平面裁切工艺，通过镂刻，我们可以获得图样的正形和负形，也就是所谓的实形和虚形。镂刻工具一般为锯弓和锯条，这是一种首饰制作用的锯弓，尺寸较小，而锯条也较细，适合于加工制作小体积的物件。

由于锯条相对比较细，所以它能胜任十分精细的形体镂刻和裁切工作，可以锯出相当复杂的纹样，另外，它的金属损耗量也很小，这样可以降低首饰的制作成本。

镂刻需要在正确方法的指导下不断练习，才能做到得心应手，根据金属片的厚薄来选择不同粗细的锯条，否则，锯条会容易断裂。

▲ 镂刻而成的纹样（张茜璇演示）

1 在银片上用记号笔画出纹样，根据银片的厚度来选择锯条的型号，一般是较粗的锯条匹配较厚的银片。

3 楼刻时不可片面追求速度，一定要有耐心，当感觉到锯条发涩时，可以在锯条上抹蜡，使锯条的抽动变得顺滑，直到镂刻完毕。

2 装好锯条后，一只手持锯，另一只手紧按银片，从银片外围开始镂刻，注意锯条始终与银片垂直，拐弯的地方不要停止锯条的上下抽动。

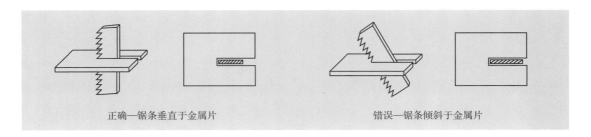

正确—锯条垂直于金属片　　　　　　错误—锯条倾斜于金属片

3.1.6 焊接

在手工起版过程中，焊接这道工序是最为困难的，对于一位初学者而言，焊接一枚戒指的缝隙是比较容易的，而随着学习的进一步加深，我们会遇到各种各样的焊接情况，焊接的难度也会越来越大。无论如何，如果想成为一名合格的首饰制作者，焊接是必须要掌握的一种工艺，要能做到从容应对各种复杂的焊接。

焊接是一种连接金属的过程。在焊接的过程中，放置在金属之间的焊药被烧灼而熔化，形成熔融区域，待冷却凝固后便实现金属材料之间的连接。焊药是一种合金，其熔点往往比高纯度的金属的熔点低，所以，受热后焊药率先熔化而流进缝隙。

焊接通常有点对点（当然，所谓的点其实是较小的面）的焊接、线条对线条的焊接、线条与点之间的焊接，以及面与面的焊接等等。焊药可以自制也可以从首饰器材店里买到，下页附有银焊药的配比和熔流温度点的图表，以及金焊药的熔点和熔流温度点图表，给大家自制焊药提供了参考数值。

3 在戒指棒上用木锤把银条敲成圆圈，使接缝不偏不倚完全对齐。

5 先用软火烧灼，硼砂受热而膨胀，待硼砂凝结后，用镊子把移位的焊药轻轻推回原位。把焰炬调大一些，继续加热。

焊接操作示范：戒指

1 根据所需戒指号的周长剪裁一段银条，给它退火。冷却后用酸液洗干净。

2 把银条的两端用锉子锉齐整，这个步骤十分重要，因为，只有锉齐整了，戒圈才有可能贴合紧密。

4 戒圈对齐后，在焊缝里涂抹硼砂焊剂，并把高温银焊药放置在焊缝上面。

6 当温度达到熔流温度点时，焊药熔化并开始流动，钻进了缝隙中，完成焊接。冷却后酸洗，再经过打磨和抛光，就完成了一枚戒指的制作。

焊接操作示范：银片

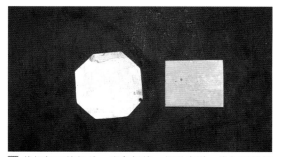

1 裁切好两块银片，准备焊接。相对来说，线与面的焊接要困难一些。

2 用反向镊子夹住其中的一块银片，使这块银片能够立在平放的银片上保持不动，且两块银片呈垂直角度。

3 在银片的接缝处涂抹硼砂焊剂，再把剪成小片的焊药放在缝隙间，注意焊药片要同时接触两块银片。

4 先用软火加热，使焊剂慢慢膨胀，此时，焊药片可能会被膨胀的焊剂顶起，发生位移，待焊剂凝结后，可以用镊子把移位的焊药片轻轻推回原位。

5 加大火力继续加热。焰炬不要停留在局部，而应来回移动，使两块银片同时受热。当达到焊药的熔流温度点时，焊药发亮，熔化而流进两块银片的缝隙中。

6 焊药熔化后，要用焰炬引导焊药溶液流进焊缝中，因为，焊药总是流向温度较高的区域。用焰炬灼烧整个焊缝，检查焊药溶液是否填满了焊缝，完成焊接。

银焊药	银（%）	铜（%）	锌（%）	熔点（℃）	熔流温度点（℃）
高温	75	22	3	741	788
中温	70	20	10	691	738
低温	65	20	15	671	718
超低温	55	25	20	618	653

▲ 银焊药的配比和熔流温度点

金焊药	类型	颜色	熔点（℃）	熔流温度点（℃）
8K 黄	低温	浅黄色	629	691
10K 黄	低温	暗黄色	724	754
10K 黄	高温	浅黄色	738	768
12K 黄	高温	黄色	774	807
14K 黄	低温	暗黄色	721	754
10K 白	低温	白色	702	732
12K 白	高温	白色	724	783
14K 白	低温	白色	704	746

▲ 金焊药的熔流温度点

3.1.7 打磨与抛光

打磨与抛光属于首饰制作精修的工艺范围，其作用就是去除首饰表面不需要保留的印痕，包括其他的加工过程中工具遗留的印痕。去除这些痕迹以后，再把首饰抛光，使首饰表面的亮度被提高，从而产生光泽。

打磨需要使用各种锉子、吊机和机针、砂纸等工具，抛光的方法有很多种，除了手工的方法，还可以借助机器来给首饰抛光，如磁力抛光机、滚筒抛光机、布轮抛光机、飞碟机、超声波抛光机等。

手工抛光需要操作者熟悉各式锉修工具，并能更具不同的锉修环境选择相应的工具。

▲ 抛光后的戒指

1 先用红柄挫把戒指面锉一遍，锉的时候，注意使锉子与戒指面平贴，运锉的方向要一致，力度要均匀。

2 把戒指扣在砂纸上，来回在砂纸上磨蹭，这样磨出来的戒指，两侧会很平整。

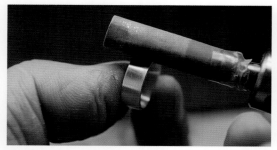

3 先用红柄挫，再用较细的油锉锉修戒指的内圈，注意使用锉子的弧面来锉修。锉修时用力要均匀，方向保持一致。

4 用锉子把戒指的内外圈都锉了一遍之后，再用吊机安装砂纸卷，打磨戒指的内外圈。

5 先是600目的砂纸卷，再用较细的，一直要用到2000目的砂纸卷，才能结束打磨。

6 用子弹抛光头蹭一点白蜡，给戒指的内外圈抛光。如果想要极高的亮度，就要用更细腻的抛光头和抛光皂了。一般三次抛光之后，戒指已经被抛得很光亮了。

艺廊 Gallery / 手工起版首饰作品

1	2
3	

1. 胸针，布莱斯·加内特（Brice Garrett），银、黄铜。

2. 胸针，《运行的世界》，阿曼达·奥特卡特（Amanda Outcalt），925 银、紫铜、珐琅、铅笔。

3. 胸针/摆件，《尺·长》，曹毕飞，925 银、紫铜、黄铜、镍银、珐琅、转印纸、镜子、塑料、丙烯。

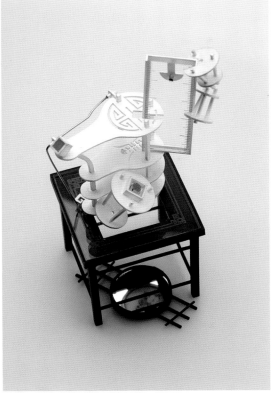

$$\frac{1}{2 \mid 3}$$

1. 胸针，米瑞安·荣威（Miriam Rowe），黄铜、紫铜、钢丝、墙纸。

2. 胸针，《自得 2》，李恒，银、PVC、塑料。

3. 戒指，阿拉迪亚·尼斯塔（Aradia Nista），银、18K 金、漆。

3.2　金属表面肌理制作

所谓金属表面肌理是指金属表面的组织纹理结构，也即各种质感或触感。表现为纵横交错、起伏不平或粗糙或平滑的纹理变化，既有横向的变化，又有纵向的变化。肌理的制作就是利用外在的物理力量、化学的方法，以及添加的手段，来设计、改变和制作金属的表面效果，使之符合创作要求，与设计思想保持同一性。

金属表面肌理的制作大致分为三种，其一，就是通过外力（物理的），如锻造、锤揲、錾刻、模印、压印、碾轧、揉皱、铸造、刮擦、切削、喷砂等手段，制造出来的肌理；其二，就是通过化学的手段，如腐蚀、烧皱、电镀等手段，来制造肌理；其三，就是在金属表面进行额外的材料添加，使添加的材料与原金属融为一体，而成某种肌理。

在现代金工首饰艺术创作过程中，金属的表面效果往往是最为关键的视觉因素，甚至，一件作品的成败都维系在它的身上。所以，金属表面肌理的设计、布局、统筹与对比，已经成为设计者必须考虑的重要因素，是设计制作之初就必须要做到心中有数的。它在一定程度上已经摆脱了以往较为程式化的从属装饰地位，成为首饰艺术的重要表现元素而融入了作品的整体造型之中，有时甚至成为作品的表现主旨而被着重刻画，成了首饰作品的主要造型手段。

3.2.1　工具与设备

针对三种不同的金属表面肌理制作手段，分别有相应的工具和设备与之对应。当然，这里介绍的只是常规的工具和设备，应该说，不论是金属表面肌理的制作还是其他的加工工艺，都不应该固守成规，而应不断加大探索和实验的力度，可以说，表面肌理的探索是无止境的。

常规的金属表面肌理制作的工具有各式金属锤子、錾子、铣刀、模具、雕刻刀、机针、化学药品等，设备有吊机、火枪、镀金机、喷砂机、车铣床、压片机、车花机、刻字笔等。各种工具和设备的用途不一而足，甚至一物多用，需根据具体情况选择使用。

▲　金属表面不同的肌理制作－1

3.2.2 利用外力改变金属表面

通过外力（物理的）来改变或创造金属表面肌理的方法大致有：锤敲、錾刻、模印、碾轧、揉皱、铸造、刮擦、切削、喷砂等。其表现手段多种多样，效果也五花八门，难度并不大。不过，要想获得理想的肌理效果还需反复的实验。

金属表面肌理制作示范：碾轧

▲ 压片机碾轧而成的银片肌理

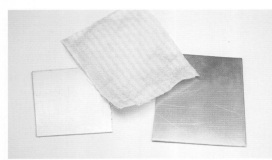

1 准备好黄铜片、纯银片和纹理较粗的布片，银片的尺寸应略小于布片和黄铜片。银片需经过退火，彻底洗净，因为轧好纹理后，银片无法再用打磨工具进行修整。

2 材料叠放的顺序是（从上到下）银片、布片和黄铜片。布片夹在中间，形同三明治。目测压片机滚轮之间缝隙的大小。

3 把材料摆放整齐，滚轮间隙的宽度应略小于三块材料相加的总厚度，需要注意的是，银片经过碾压后厚度会减小，所以，选料时需要有碾轧的余量。

4 纹理只能一次碾轧成功，如果失败，必须重新备料再碾轧，绝不可以在同一块银片上进行二次碾轧，否则，所得纹理会十分混乱，不具备识别性和美感。

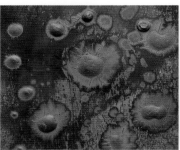

▲ 金属表面不同的肌理制作－2

金属表面肌理制作示范：模印

　　模印就是通过模具来把纹理转印到金属片上去的方法。模具分为现成模具和自制模具两种，所谓现成模具就是生活当中的一些小用具，如钥匙、钱币、纽扣、树叶、钉子、绳子、金属丝等，都可以拿来用于模印；自制的模具就是根据特殊需要而制作的模型，如经过腐蚀的金属片、錾刻而成的浅浮雕等。

▲ 模印肌理吊坠（商宓演示）

1 先将一块紫铜片经过腐蚀工序而获得某种纹样，并作为金属母片备用。

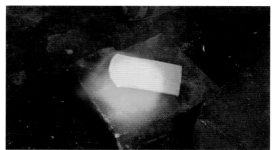

2 裁切一块面积与紫铜母片大致相等的纯银片，把它退火，酸洗后晾干。

3 把两块金属片叠在一起，经过压片机碾轧，注意压片机滚轮的间隙要比两块金属片的总厚度略窄。

4 纹理一次转印成功。之后，再根据具体的设计给银片进行后续的加工，直到获得最终的表现效果。

▲ 不同图形的模具錾子

3.2.3 利用化学方法改变金属表面

通过化学的方法来改变或创造金属表面肌理的方法常用的有：腐蚀、烧皱等。

金属表面肌理制作示范：腐蚀

腐蚀法需要使用化学药品，这些化学药品一般都带有强腐蚀性，使操作具有一定的危险性，所以操作腐蚀法时一定要做好防范措施，并按相关安全使用规则行事。而烧皱法只需借助火枪就可操作，故而不具备危险性。

▲ 腐蚀紫铜片肌理（陈曦演示）

1 用毛笔蘸清漆在洗净的紫铜片上描图，需要腐蚀的地方留空，无须腐蚀的地方则用清漆覆盖。清漆不可涂得太厚，否则，在腐蚀的过程会发生脱落。

2 清漆完全干燥需要一天左右的时间，待干燥后，把铜片放入腐蚀溶液中。腐蚀液是由硝酸和水以1：5的比例配制而成。硝酸的比例越高，腐蚀的速度就越快。

3 太快的腐蚀速度会导致毛糙的纹样，所以腐蚀速度以适中为宜。可以不时用镊子夹出铜片，检查腐蚀的深度。一般半小时就可完成腐蚀，获得理想的腐蚀深度。

4 达到所需深度时，夹出铜片洗净，用硫化钠溶液给紫铜片做旧以后，再用细砂纸（2000目左右）轻轻打磨凸起的地方，使色彩的对比得到加强。

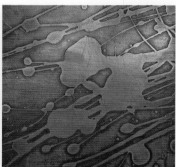

▲ 金属表面腐蚀的肌理制作

金属表面肌理制作示范：烧皱

　　烧皱工艺能制作非常细腻的肌理效果，这种肌理起伏不定，让人浮想联翩。烧皱工艺的原理在于退火与酸洗的过程中，标准银片的表层堆积了薄薄一层还原后的纯银分子，造成金属的表层与内部不同的纯度和熔点，使得凝结不同步，从而生成表面皱纹。

　　烧皱工艺制作的肌理具有一定的偶然性，需不断尝试和实验才能逐步掌握皱纹的形成规律。

▲ 烧皱工艺制作的银片肌理（宋鑫子演示）

1 准备一块厚度不低于 1 毫米的 925 标准银片，表面尽量平整，洗净后晾干。

2 给银片退火，注意不要超过退火的温度点，以防银片的表面熔化。

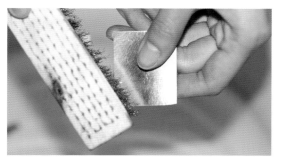

3 退火后的银片需要浸酸，再用铜刷子清洗干净。再退火，如此反复至少五次，使标准银片表层的氧化铜被硫酸洗净，而在表面留下一层纯银层。

4 开始用火枪加热银片，刚开始时尽量用软火，使银片均匀受热。

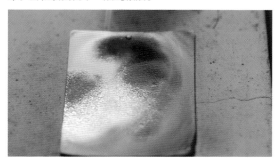

5 当整个银片呈现暗红色时，将焰炬集中在某个局部，使该局部出现熔化，然后迅速把焰炬移开到另一个局部。

6 不断地移动焰炬而变换银片的熔化区域，直到整个银片表面都形成皱纹。可以调整焰炬的入射角度，尝试制作不同的走向的皱纹效果。

3.2.4 添加材料改变金属表面

我们还可以通过添加材料来改变金属的表面效果。注意添加的材料一般为金属，因为只有金属之间才能熔接在一起。熔接时一定要着重考虑各金属不同的熔点，密切关注金属的熔化状态，以免添加的金属彻底熔化而导致熔接失败。

金属表面肌理制作示范：熔融

1 准备一块紫铜片，厚度为 0.8 毫米，洗净后晾干。再把数段紫铜丝弯曲成形，放置在铜片上，用火枪灼烧。

2 把分段的锡块紧靠铜丝放置，用软火加热锡块，使锡块熔化。用镊子引导锡块流动，注意随时撤去焰炬，使锡金属凝结，从而把铜丝和铜片固定在一起。

3 用铜刷子蘸去污粉，在水龙头下清洗金属件的表面，把金属件彻底洗净，完成制作。

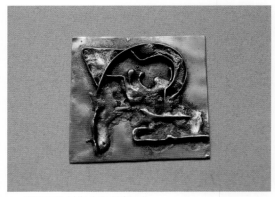

▲ 熔融肌理制作（张杰演示）

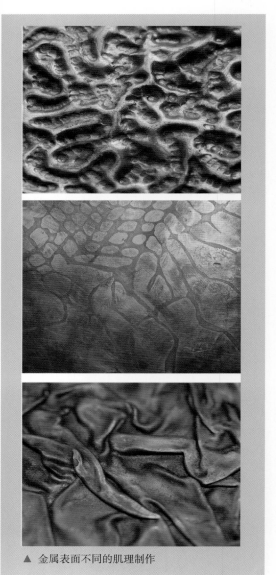

▲ 金属表面不同的肌理制作

3.2.5　特殊技法

　　金属熔化后成液态，液态是可以自由流动的，这就为塑形或成形的偶然性打开了方便之门。应该说，不断地试验是找到这种偶然性的不二法门，有一些很漂亮的金属表面肌理效果就是在实验中获得的。

▲ 水凝法制作的紫铜件

金属表面肌理制作示范：水凝法

　　所谓水凝法就是把金属熔化后，快速倒入水中，而形成的类似破水泡的肌理效果。

■1 准备一桶水，放置在化料区的旁边，便于金属熔化后能够迅速地倒入水中。

■2 把紫铜剪成小片，放入坩埚加热，直至紫铜片熔化。晃动坩埚，紫铜液也随之晃动，则说明紫铜片已经彻底熔化。

■3 把熔化的紫铜液倒入水中，紫铜液的倒入可以是连续的，也可以是间断的，可获得不同的成形效果。前者获得的造型较为圆润，后者获得的造型较为扁平。

■4 从桶内取出紫铜件，用铜刷子蘸清洗液洗干净，完成制作。

■5 完成后的紫铜件呈现不同的造型，色彩略有差异，这些紫铜件在今后的首饰设计与制作中可根据不同的需要来选用。

金属表面肌理制作示范：沙粒肌理

金属熔化后覆盖在不同的材质表面，会形成相应的肌理效果，当然，这些被覆盖的材质必须能耐得住高温，否则，金属液会把这些材质烧掉，从而使金属液失去支撑而无法成形。

沙粒完全可以承受金属液的高温灼烧，而粗细不同的沙粒又能形成不同的金属表面效果。注意，在实践中比较各种粗细不同的沙粒肌理。

▲ 沙粒肌理紫铜件

1 准备一个金属盘子，在盘子内平铺一层沙子，沙子层的厚度约为 2 厘米，沙盘放在化料区的旁边，便于金属熔化后能够迅速倒入。

2 把紫铜剪成小片，放入坩埚加热，直至紫铜片熔化。晃动坩埚，紫铜液也随之晃动，则说明紫铜片已经彻底熔化。

3 把熔化的紫铜液倒在沙子的表面，此时，焰炬要持续对紫铜液加热，以免紫铜液的倒入被中断。

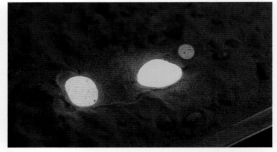

4 紫铜液被约束在沙盘的小坑中，慢慢冷却。这些小坑是事先挖好的，其形状可根据需要来制作。

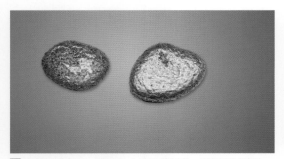

5 待紫铜冷却后，从沙盘中取出紫铜件，用铜刷子清洗，如果有嵌入到紫铜中的沙粒，可用镊子剥离。

6 把黄铜熔化后倒在沙盘的表面，也可以获得类似的沙粒肌理效果，操作步骤与紫铜相同。

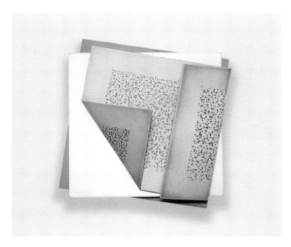

艺廊 Gallery 表面肌理首饰作品

1	2
3	4

1. 胸针，海弗瑞德·珂德勒（Helfried Kodre），银、不锈钢、镀金。
2. 戒指，胡俊，氧化银。
3. 胸针，朴周京（Joo Hyung Park），银。
4. 胸针，佚名，银、不锈钢。

<table>
<tr><td>1</td></tr>
<tr><td>2</td><td>3</td></tr>
</table>

1. 胸针，《内观》，郭宜瑄，黄铜、白铜、水转印纸。
2. 胸针，南和京（Nam Hwa Kyung），银。
3. 戒指，孙常凯，银、镀金。

3.3 金属表面着色技术

自古以来，金属就被用于首饰制作，主要是黄金和白银这些稀有的、贵重的金属。当然，这种贵重金属制成的首饰往往为富人所有，黄金和白银也因此成为财富和权力的象征。那时，黄金与白银的纯度都很高，由于受限于加工技术，坚硬的金属并不容易被加工成细小的首饰，所以纯金和纯银的使用率很高，当然，从伴生矿中提纯金银的工艺也不成熟，首饰工匠们能用上的金银材料大多是在大自然中发现和开采的纯度较高的金银。冶炼技术和加工技术尚且如此，金银的表面着色处理就更不用说了，这就是古代首饰为什么多呈固有色的缘由。随着现代首饰艺术的发展，被用于首饰制作的金属的种类越来越多，可是，用于首饰制作的金属的固有色泽毕竟是有限的，大多呈现较浅的冷色调，如白色（白银、铝、铂金）、青色（青铜）、紫色（紫铜）、灰色（钛）、柠檬黄（黄铜、黄金）等，所以金属总给人以冷峻的感觉，不容易接近。这些金属色彩的纯度较低、饱和度较低，除了黄金的色泽较为鲜艳以外，其他的首饰用金属的色彩都与"鲜艳"二字挨不上边，并且除了黄金，大多数首饰用金属都容易氧化，影响色泽和美观程度。而随着首饰业的不断发展，人们对首饰色彩的要求越来越多、越来越精，这就为我们的首饰工作者提出了新的要求，首饰设计师们面临的挑战也就越来越大，他们不得不开拓自己的设计视野，打开设计思路，寻找新的材料来设计制作首饰，来满足市场的需求，另一方面，也在现有的、常用的金属材料上寻求突破口，也就是利用各种办法来改变金属的固有色，使原本冰冷坚硬的金属呈现温暖、柔和、绚丽的色泽。于是，即便是常用的贵金属也有了新的外貌，首饰不再是简单的金色和银色的组合，除了这两种具有传统意味的金色和银色，现代首饰已经完成了色彩的革命，随着钛金属、阳极氧化铝以及多种彩金的加入，现代首饰设计师早已不再惧怕人们对鲜艳色彩的要求，他们完全可以通过各种手段改变手中的金属的固有色，基本上实现了按需所取，设计师的艺术想象力得以振翅高飞，那种无拘无束的感觉是前所未有的。从这个角度来讲，技术进步的同时，完全可以带来设计艺术的新突破。

▲ 钛金属着色用整流器

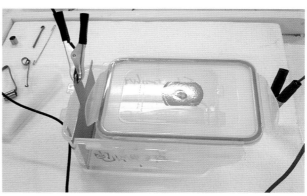

▲ 钛金属电解着色容器

3.3.1　工具与设备

金属表面着色所需的工具相对比较简单，因为，金属表面着色只不过是一种辅助的工艺手段，当然，这并不是针对金属表面着色效果的重要性而言的。

在具备常规首饰制作的条件下，我们还需准备一些用于盛放化学药品的器皿，以及电解槽，当然，还有电解所需的简单设备，如调压变压器、电镀整流器、多功能铝着色机，等等，这些设备价格并不高，也很容易在市场上买到。

应该说，现在工业上的金属表面着色工艺已经相当发达，关于彩金技术、钛金属、铝金属、不锈钢、镍、铜等金属的着色应用已经十分广泛。不过，在小件的、独一无二的首饰制作中，金属着色只需首饰制作者亲手操作即可，所以，作为工作室首饰制作者来说，掌握简便的金属着色工艺技术是非常实用和必要的。

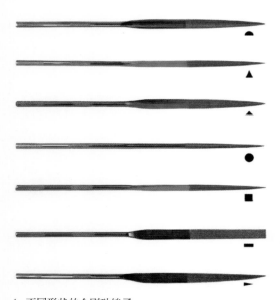

▲ 不同形状的金刚砂锉子

3.3.2　贵金属表面着色工艺

金属都有其固有色泽，如前面所述，黄金，顾名思义是黄色，白银为白色，人们喜欢在金属的名称前再加上色泽名称，那么，我们对金属的固有色就一目了然了，如黄铜、紫铜、青铜、白铜等，当然，这时的色泽称谓，并非准确，如紫铜，也称红铜，事实上它的固有色为浅红色偏紫，绝非紫色。无论如何，金属的固有色大多难于改变，我们也没必要对其进行改变，要做的仅仅是按照自己的要求，对金属的表面进行处理，从而，使金属的外层有了颜色，让金属穿上五颜六色的外衣，这样，我们的目的就达到了。

我们知道，利用现代加工工艺，黄金可呈现黄色、白色、玫瑰红、粉红色、橙色、绿色、蓝色、褐以及黑色，这是由于黄金中加入了铜、铝、银、钴、钯、铁、镉、镍等金属，这样的黄金被称为"彩金"，当然，彩金是一种合金，纯度不可与纯金同日而语。不过，既然能获得如此丰富的色彩，即便是降低了纯度，也还是有很多时尚人士刻意追求彩金的，眼下，彩金风潮似乎如火如荼、方兴未艾。

彩金一般需要经过电镀工艺，其彩色效果才会更加明显，更加鲜艳。确切来说，彩金是由 K 金加补口制作而成，一般的补口为 K 黄补口、K 白补口或 K 红补口。18K 金熔入这三种补口就可形成黄色、白色、玫瑰色三种颜色，但仅仅是这些材料的简单相加，我们还不能获得想象中的鲜艳颜色，于是，电镀就派上了用场，色彩才会更加鲜亮。K 黄一般用金盐作为电镀材料，K 白一般用铂金水（佬金）作为电镀金，这两种都能起到很好的增彩和保护作用，而 K 红一般用铜盐作为电镀金。

镀金工艺分为两种，其一为同质材料镀金，比如在黄金首饰的表面再镀一层金，可使黄金首饰的表面更加光亮，色泽度更高；其二为异质材料镀金，指对非黄金材料的表面进行镀金，如银镀金、铜镀金，可以使黄金的光泽覆盖被镀材料，提高首饰的观赏性。镀金工艺实际上是在金属表面镀上一层金或合金，目前使用的镀金溶液有氰化物镀液、低氰柠檬酸盐镀液和亚硫酸盐镀液，其中低氰柠檬酸盐镀液较为常用。

银是白色的金属，在首饰用金属材料中，它是仅次于黄金、铂金等之后的贵重金属，近来，白银的价格一路走高，快接近每克 7 元的价格。白银在高校的首饰设计与制作课程中被广泛使用，虽价格偏高，但相对黄金材料的价格，学生还是用得起的。白银的延展性好，易于加工，适用于多种首饰加工工艺，如錾花工艺、花丝工艺、镂刻工艺等，其化学性质稳定，与水及大气中的氧都不起作用，但接触到空气中的氯化物会变色，遇硫化氢和硫会变黑。银的着色法一般为化学着色法，把银浸泡在硫化钾碱和氯化氨的溶液中，可得到深灰色、黑色、暗红色；浸泡在高锰酸钾的溶液中，可得到黑色、棕红色；在实际操作中，还可以把银浸泡在温热的 84 消毒液中，即可得到深灰色、黑色。

彩金的配比和颜色表

K金	金	银	钯	铜	镍	锌	吕	镉	铁	颜色
	91.70	4.20		4.10						金黄
22K	91.70	8.30								淡黄
	91.70			8.30						橙红
	75.00	5.00		5.00	5.00	10.00				白
	75.00	12.50		12.50						深黄
	75.00	8.00		17.00						浅红
	75.00			25.00						红
18K	75.00					25.00				亮红
	75.00	6.25	18.75							棕红
	75.00	15.00		6.00				4.00		绿
	75.00								25.00	蓝
	75.00			8.00					17.00	灰
	58.50	22.40		14.10	5.00					白
	58.50	15.00		26.50						深黄
14K	58.50	20.50		21.00						淡黄
	58.50	7.00		34.50						红
	58.50	6.00		36.65						橙红
	58.50								41.50	黑
	37.50	38.50		20.00		5.00				白
	37.50	11.00		51.50						深黄
9K	37.50	31.00		31.50						淡黄
	37.50	7.50		55.00						浅红
	37.50	5.00		57.50						红

白银表面着色工艺示范：手镯

　　纯银颜色较白，掺有杂质后变硬，熔点为 961℃，密度为 10.5 克 / 立方厘米。银的质地较软，有良好的柔韧性和延展性，非常适宜于加工。在现代首饰设计与制作中，银的使用是极其普遍的。

　　白银做旧的方法较多，其中以氧化银的方法最为常见。氧化银溶液通常为硫化钾、氯化氨、高锰酸钾等，着色效果为灰色和黑色。

▲ 氧化银手镯

1 剪裁一块银片，表面打磨平整，垫在由松香、大白粉和机油调和而成的成形胶上面，用直线錾子錾刻轮廓线。

2 把银片从成形胶上面取下来，垫在钢砧上，再用较小的錾子錾刻短线条，制作肌理效果。

3 把银片弯曲成手镯的形状，浸泡在硫化钾做旧液中，不时观察银表面的颜色变化，当获得自己满意的颜色时，立刻取出银手镯。

4 用较细的砂纸打磨银的表面，使凸起的银表面呈现白色，而凹下去的部分依旧保留氧化银的颜色，从而使银手镯的表面呈现强烈的黑白对比色，完成制作。

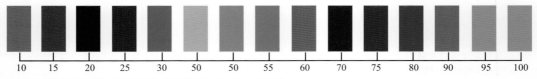

| 10 | 15 | 20 | 25 | 30 | 50 | 50 | 55 | 60 | 70 | 75 | 80 | 90 | 95 | 100 |

▲ 铌金属阳极处理的电压与颜色对照表（电压单位：伏特）

铌表面着色工艺示范：铌金属片

铌金属的价格较白银略低，是一种固有色为灰白色的金属，熔点高达 2468℃，密度为 8.57 克 / 立方厘米。室温下铌在空气中十分稳定，在氧气中红热时也不被完全氧化，高温下与硫、氮、碳直接化合，能与钛、锆、铪、钨形成合金。铌的延展性较好，比较容易加工，具有极佳的着色效果。其色彩的饱和度很高，十分鲜艳，很适合于制作时尚首饰。

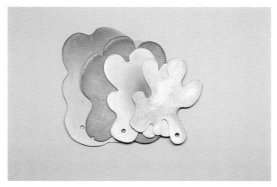

▲ 着色后的铌金属片

1 在铌金属片上用记号笔画出轮廓线，先用吊钻在轮廓线内打孔，再把锯丝穿过小孔，固定锯丝，就可以沿着画好的线条裁切形体了。

2 用锯子裁切好四块铌金属片，用粗砂纸打磨掉金属边缘的碎屑。

3 用锉子修整铌金属片的表面及边缘，再用较细的砂纸打磨，直到把金属片表面及边缘的划痕都被去除。

4 准备好电解着色所需的设备，使用一小片铌金属进行试着色，检查设备的工作是否正常。

5 小心地用氢氟酸液和碱水清洗铌金属片，再把金属片放入硫酸铵或磷酸制成的电解液中，逐渐升高电压，注意观察铌金属的颜色变化。

6 着色时电压最高不可超过 120 伏，否则，电解液会有迸溅的危险。而一旦获得满意的颜色时，应立刻停止电解着色，要知道，漂亮的颜色往往转瞬即逝。

3.3.3 普通金属表面着色工艺

紫铜为纯铜，固有色是淡红色偏紫，故又称"紫铜"。紫铜的着色法一般为化学着色，是将紫铜金属浸泡于不同的化学溶液中，金属表面生成氧化膜，而呈现不同的色彩。紫铜着色的色彩很多，有深棕色、古铜色、红棕色、紫红色、褐色、深蓝色、灰绿色、黄色、橙色、金黄色、黑色等，其色彩通常与生成膜有关，如绿色是碳酸铜生成膜，黑色是硫化铜或氧化铜膜，红棕色是氧化亚铜膜。金属表面的氧化膜的厚度影响到了色彩的深浅变化，使得紫铜着色的色彩尤其多样。

黄铜是铜与锌的合金，可以用化学的方法以及电解的方法进行着色，化学着色是将黄铜浸泡在硫酸铜、氯化铁、氯化亚铁以及硫酸铜、氯化钙、氯化镍等的溶液里，能得到较好的铁锈色、仿古绿色。此外，黄铜的化学着色还可得到金黄色、黄色、橘红色、棕色、褐色、黑色等色彩。黄铜的电解着色分为阳极电解着色和阴极电解着色，是以碱性的铜盐溶液作为电解液，通过阴极电解着色，可得到黄色、金黄色、橙色、紫色、紫红色、蓝紫色、天蓝色、草绿色、黑色等，色彩较为均匀艳丽。

阳极氧化铝在现代首饰的设计和制作中经常被使用，尤其在国外，有许多首饰艺术家都有阳极氧化铝工艺的首饰作品问世，事实上，阳极氧化铝并非什么新鲜事，甚至在国内的工业界，阳极氧化铝的使用也是比较成熟的，只不过阳极氧化铝在首饰中的使用并不多见。铝金属质量较轻，质地较软易于加工，价格并不贵，同时，它也是最容易着色的金属之一。铝的着色法主要有：电解发色法、化学染色法和电解着色法三种，电解发色法是阳极氧化和着色过程在同一溶液中完成，并在铝金属的表面直接形成彩色氧化膜的着色法；化学染色法是铝金属经硫酸阳极氧化而形成氧化膜后，再浸泡在无机或有机染料中进行着色；电解着色法是铝金属经过阳极氧化后，浸泡在贵金属盐溶液里，通过使用交流电进行极化或用直流电进行阴极极化来进行着色。通过上述方法处理后，铝金属可得到蓝色、绿色、红色、红褐色、粉红色、紫色、黑色、金黄色、黄色、橙色、青铜色等，颜色十分丰富，还有深浅变化，视觉效果令人满意。

钛金属的着色工艺实际上比较成熟，在国外的首饰设计作品中多有见到，但在国内，用钛金属材料来设计制作首饰的做法倒不多见。目前，钛的着色有阳极氧化法、大气加热氧化法和化学氧化法三种。从色彩的种类、色彩的浓度及色彩的易控性三方面来看，阳极氧化法最具使用价值的。阳极氧化着色法又称电解着色法，钛在含氧介质中阳极电解时，与阳极发生氧化反应，钛和氧结合形成钛的氧化膜。其原理是由于氧化膜表面的反射光与氧化膜、钛界面的内部反射光，发生光的干涉作用而显色。钛的阳极氧化着色是有电压依赖性的，在不同电压下电解时可生成不同厚度的氧化膜，由于光的干涉作用而显现出不同的颜色，通常是恒定氧化时间，再选取所需电压而获得既定色泽。钛的氧化膜强度较高，化学稳定性好，色彩鲜艳，颜色均匀，工艺简单，成本低，有较高的装饰和使用价值。

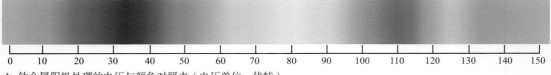

0	10	20	30	40	50	60	70	80	90	100	110	120	130	140	150

▲ 钛金属阳极处理的电压与颜色对照表（电压单位：伏特）

不锈钢作为廉价金属材质，在现代首饰设计中亦有使用。不锈钢固有色为白色偏灰，但通过相关的表面处理技术可以着色，一般有以下几种方法：化学着色法、电解着色法、高温氧化法、有机物涂覆法、气相裂解法与离子沉积法，化学着色法比较常用，是将不锈钢首饰浸泡在铬酸和硫酸溶液中，不锈钢的表面发生化学反应、产生氧化膜而呈现不同色彩，一般可得到棕色、蓝色、金黄色、红色、绿色、黑色等。

除了上述的金属着色法，现在，一项新的激光技术可能使金属着色的工作变得简单，这就是激光金属着色法。大家知道，激光的一个不可思议的本领就是能够改变物质的光学特征，美国纽约州罗彻斯特大学的研究人员使用了持续时间仅为千万亿分之一秒的激光脉冲，熔化一块面积非常小的金属，这块金属在凝结后便能够反射不同波长的光线。他们发现，通过微调激光的输出功率以及改变光束的强度、激光脉冲的数量和处理的时间，能够改变许多金属样品的颜色。例如，研究人员利用这种技术将一小片铝变为金色，之后又将其变为黑色。利用这项技术同样可以对钛金属进行着色处理，其着色的效果比较理想，均匀度好，干净无杂质，符合首饰设计与制作的要求。

钛金属电解着色工艺示范：戒指

钛金属的硬度极高，质量较轻，价格比白银低，所以是制作首饰的好材料，近来，钛金属已经被越来越多地运用于首饰制作中。

钛金属的电解着色法较为常用，此法需要配制清洗液以及电解液两类溶液，清洗液用于清洗钛金属，由氢氟酸、碱水和蒸馏水组成，钛金属先后放置于氢氟酸、碱水和蒸馏水中，完成清洗，然后才能放入硫酸铵或磷酸电解液中，实施着色。

由于清洗液和电解液多为强酸溶液，所以，操作时一定多加小心、注意安全。

▲ 钛金属电解着色戒指

1 购买现成的钛金属管，用铣床在钛金属管的表面钻坑，并用车床精修钛金属管的侧面。钛金属具有很高的硬度，所以，用车床、铣床进行加工时，注意操作规范。

2 钛金属管切割成外圈，再用银材料制作戒指内圈，并焊接好锆石的镶口。银戒指内圈的直径比钛金属管的内径略小，这样，钛金属外圈才能套在银戒指圈的外面。

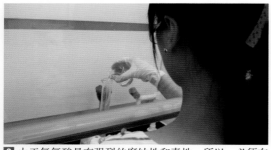

3 由于氢氟酸具有强烈的腐蚀性和毒性，所以，必须在通风柜中配制清洗液和电解液，以确保人员安全。

4 接好调压器的正极和负极，正极连接待着色的钛金属件，负极连接专用于导电的钛金属片。

5 先后用氢氟酸、碱水和蒸馏水清洗钛金属件，之后，不可再用手指去触摸钛金属件，以免在金属件上留下指印，影响着色效果。

6 从 0 伏开始，逐渐调高电压，仔细观察钛金属的颜色变化，一旦获得想要的颜色，立即停止电解，并用蒸馏水洗净金属件，最后把各部件组装成一枚戒指。

钛金属火枪着色工艺示范：戒指

　　使用火枪给钛金属着色，简便易行。与电解着色相比，火枪着色的缺点是着色不够均匀。但如果是体积较小的钛金属件，比如尺寸小于 1 厘米的，着色前经过了仔细的打磨和抛光，其火枪着色的效果也还是比较匀称的。另外，火枪着色还可以借助其他的材料覆盖在钛金属的表面，从而遮挡火焰，实现钛金属的局部着色。

▲ 钛金属火枪着色戒指

1 从现成的钛金属管上锯下一小段，作为戒指圈。戒面的宽度为 0.5 厘米，厚度为 3 毫米。

2 使用平板形金刚砂锉子修整钛金属戒指的外圈，注意锉子运行的方向始终保持一致，这样可以在戒指表面留下有规则的表面肌理。

3 用半圆形金刚砂锉子修整戒指内圈，同样，锉子运行的方向需始终保持一致。

4 把砂纸平铺在平整的台面上，手指捏紧钛金属戒圈，在砂纸上来回摩擦，修整戒指的侧面。

5 用清洗液彻底洗净钛金属戒圈，点燃火枪，用软火灼烧戒圈，火焰覆盖整个戒圈，使戒圈的各部分同时受热。注意观察钛金属戒圈的颜色变化。

6 如果想获得富于变化的颜色，可不断移动焰炬，使钛金属戒圈受热不均匀。一旦获得满意的色彩效果，应立刻停止加热。

紫铜着色工艺示范：银铜嵌接装饰片

紫铜为纯铜，色泽呈现较为鲜艳的紫红色，这种紫红色的饱和度较高，比较抢眼，所以，在实际的制作中，通常要给紫铜着色，俗称"做旧"，以降低紫铜的饱和度，使紫铜的色泽更加沉稳和内敛。

紫铜的着色剂通常为硫化钠溶液，以2：3的比例兑水，搅拌后使硫化钠充分溶解于水中。着色前紫铜金属件应彻底清洗，着色后紫铜呈古铜色。为了长时间保持这种古铜色，着色后紫铜的表面可涂抹汽车蜡，这样，紫铜件就不会继续氧化而变色。

▲ 银铜嵌接装饰件（高洁演示）

1 裁切一块圆形紫铜片，用锯子镂刻纹样，再用银片锯出相同的纹样填进镂空的纹样中。

3 用锉子仔细打磨金属件的表面，直到多余的焊药完全被锉掉，银质纹样清晰地显现为止。再用砂纸仔细打磨金属件的表面。

5 用镊子夹一块碎布，轻轻擦拭紫铜表面，加速紫铜的氧化过程。仔细观察紫铜的颜色变化，一旦紫铜呈现较深的古铜色，立刻停止着色。

2 镂空的纹样被填满后，用高温焊药把两种材质的纹样完全焊接在一起，不要留有焊缝。

4 调制好硫化钠着色液，把清洗后的金属件小心放入，金属件应该完全浸入到着色液当中。

6 取出金属件，用清水洗净金属件的表面，干燥后封上汽车蜡，以确保金属件不再变色。在金属件的后面垫一块皮革，完成金属装饰件的制作。

紫铜着色工艺示范：紫铜着色饰片

　　使用硝酸铁溶液给紫铜饰片着色，可以取得深沉以及斑驳的颜色效果，这是由于硝酸铁溶液受热后，会在紫铜饰片的表面留下残渣，形成堆积，这些起伏不定的、细微的堆积，具有一种肌理美。

▲ 紫铜着色饰片

1 准备一块厚度为 1 毫米的紫铜片，先用记号笔在紫铜片上画出纹样造型，再用划线笔依照纹样刻划一遍。

2 用锯小心地把纹样镂刻下来。镂刻时，锯丝应始终与饰片保持垂直。

3 用锉仔细打磨紫铜片的表面，再用较粗的砂纸（600 目）继续打磨，直到紫铜片的表面完全平整。

4 调制好硝酸铁溶液（硝酸铁与水的比例为 1∶2），一边用软火加热紫铜片，一边往紫铜片上涂抹溶液，直到紫铜片呈现深棕色为止。

5 保留紫铜片表面的堆积物，但要注意堆积物不可过多过厚，因为，太厚的堆积物容易脱落。在紫铜片的表面涂抹汽车蜡，以保护紫铜片的颜色和表面肌理。

6 完成着色后的紫铜片可以是独立的装饰片，也可以是作品的局部。

黄铜着色工艺示范：饰片

　　使用硝酸铁溶液来给黄铜饰片着色，可以获得赭石色，不过较难获得均匀的着色效果。但可以利用这个特点，比如在黄铜片的表面刻划许多不规则的线条，着色后用砂纸打磨黄铜片的表面，去除大部分色泽，只留下线条中的色彩，这样，黄铜饰片的表面效果就会变得丰富细腻而生动。

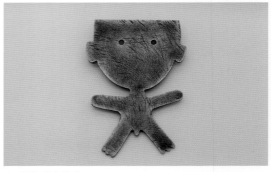

▲ 黄铜着色饰片

1 准备一块厚度为1毫米的黄铜片，先用记号笔在黄铜片上画出纹样造型，再用划线笔依照纹样刻划一遍。

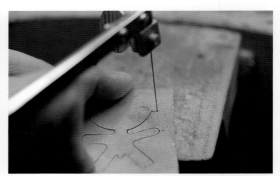

2 用锯小心地把纹样镂刻下来。镂刻时，锯丝应始终与饰片保持垂直。

3 用锉仔细打磨黄铜片的表面，再用较粗的砂纸（600目）继续打磨，直到黄铜片的表面完全平整。

4 用圆锉或三角锉的尖端用力刻划黄铜片的表面，直到黄铜片的表面出现了许多不规则槽线。

5 调制好硝酸铁溶液（硝酸铁与水的比例为1∶2），一边用软火加热黄铜片，一边往黄铜片上涂抹溶液，直到黄铜片呈现赭石色为止。

6 用较细的砂纸（2000目）仔细打磨黄铜片，重点打磨外轮廓以及眼睛等部位，直到黄铜片上的线条清晰可见。最后，打上汽车蜡，完成制作。

青铜着色工艺示范：饰片

青铜是人类历史上一项伟大的发明，它是红铜和锡、铅的合金，是金属冶铸史上最早的合金。青铜具有熔点低、硬度大、可塑性强、耐磨、耐腐蚀、色泽光亮等特点，比较适宜于铸造。由于青铜着色后呈现优雅的绿色，由此深受雕塑家以及现代首饰创作者的喜爱。

▲ 青铜着色饰件

1 运用雕蜡技术雕刻蜡模，然后铸造成青铜金属件，用锯子锯掉水口，锉子修整金属件。

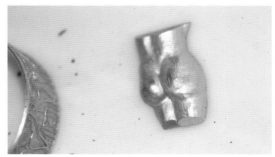

2 把修整后的青铜件放入酸液中，浸泡 10 分钟左右，取出，用清水冲掉酸液，再用铜刷将青铜件表面清洗干净。

3 清洗干净的青铜件放置于耐火砖上，把硝酸铜与水按照 1：1 的比例，调制成溶液，放于一旁待用。

4 用毛笔蘸硝酸铜溶液涂抹青铜件的表面，一定要涂遍，不留死角。

5 用软火给青铜件加热，温度不可过高，约控制在 300℃左右。一边加热，一边继续用毛笔涂抹硝酸铜溶液，直到青铜件的表面全部呈现绿色。

6 完成上色后，为了防止青铜件继续氧化变色，可以在青铜件的表面涂抹地板蜡。打蜡后，青铜件的绿色会变得深一些，显得更含蓄而沉稳。

金属着色剂配方表

金属	名称	着色剂配比	温度、电压、时间	颜色及着色效果
铜	Cu（红）	硫化钠 40%、水 60%	时间：10 min 温度：50 ~ 60℃	着色效果明显，为古铜色
	Cu（黄）	硫代硫酸钠 $Na_2S_2O_3$ 6.25gm 硫酸铁 $Fe(SO_4)_3$ 50gm 水 H_2O 1000mL	时间：20 min 温度：60 ~ 70℃	有效着色：黑色
	Cu（黄）	硫酸铜 $CuSO_4$ 25gm 水 H_2O 1000mL	时间：20 min 温度：60 ~ 70℃	有效着色：棕色
	Cu（红）	硫酸铜 $Cu(NO_3)_2$ 200gm 氯化钠 NaCL 200gm 水 H_2O 1000mL	软布擦拭法，每天 2 次，每次 10 min 连续 5 天	着色效果呈现淡绿色，很微弱
	Cu（黄）	硫酸铜 Copper Nitrate 200gm 水 H_2O 1000mL	每天浸泡 2 次，每次 0.5 min，连续 5 天	着色效果呈现淡蓝绿色，很微弱
银	Ag（纯银）	硫化钾 Potassium Sulphide 10gm 水 H_2O 1000mL	时间：10 min 温度：40 ~ 60℃	着色效果呈现明显的灰黑色
	Ag（纯银）	硫化钾 Potassium Sulphide 3gm 碳酸铵 Ammonium Carbonate 6gm 水 H_2O 1000mL	时间：10 min 温度：50℃	着色效果呈现明显的深灰色

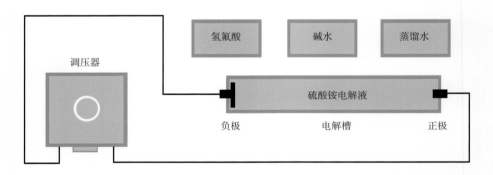

▲ 钛金属电解着色示意图

艺廊 Gallery／金属着色首饰作品

1. 戒指，阿米泰·卡夫（Amitai Kav），18K 金、925 银。
2. 戒指，《切割》，玛利亚·希特科夫（Marina Sheetikoff），铌，摄影：费南多·拉兹罗（Fernando Laszlo）。
3. 臂饰，罗杰·哈钦森（Roger Hutchinson），阳极氧化铝、橡胶。

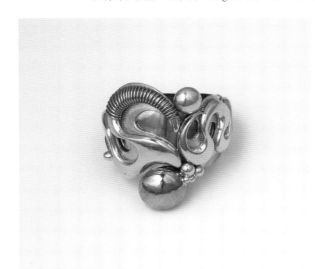

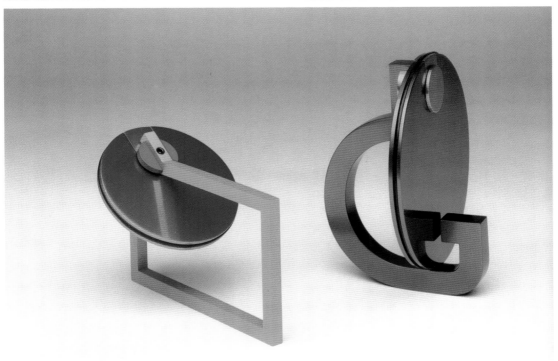

$$\frac{1}{2}$$

1. 戒指，《漠漠，车车》，胡俊，银、紫铜、
   黄铜、钛、乌木、绿檀。
2. 胸针，《微建筑系列》，雷蒙·普格·库
   亚斯（Ramon Puig Cuyàs），镍银、人
   造石材。

1	2
3	

1. 戒指，《蓝色的山》，琼·瑞恩（Jon M Ryan），银、铝。
2. 胸针，《云》，伊丽莎白·波恩（Elizabeth Bone），氧化银、丝线，摄影：詹姆斯·恰皮安（James Champion）。
3. 胸针／吊坠，《进入太空》，马克斯·德·库克（Laurent-Max De Cock），钛、黄金、锆石。

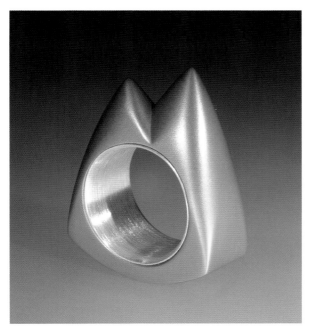

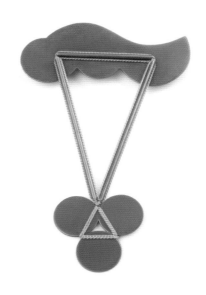

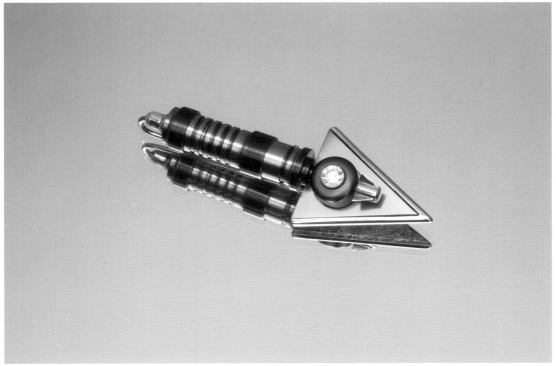

3.4 首饰作品的组装

一件首饰作品的完成通常都需要经过多道工序，一般来讲，都是从设计稿的绘制开始的，而一旦设计稿被最终确定，就意味着进入了首饰的实际制作阶段。由于每一件首饰作品都具有不同的材质、结构和造型，所以不同的作品必然需要不同的制作工序来应对，有的作品只需经过铸造工艺就可完成，而有的作品却需要数十道工序才能完工；有的作品只需高温焊接就可完成，而有的作品由于其材料耐不住高温，只能选择冷连接工艺来实现作品的组装。

对于一位现代首饰设计师来说，不可不了解首饰的组装工艺，因为现代首饰的选材极其广泛，用色极其大胆，而这些材料大多是耐不住高温加工的，这些色彩都是极其容易被火焰破坏的。所以，了解和掌握首饰的组装工艺，是现代首饰设计师必须具备的素质，同时，设计师掌握的组装工艺越多，他的设计思路就会越宽、作品的造型就会越丰富、作品的感染力也就会越强。

首饰作品组装分为首饰配件制作和冷连接工艺两个部分，前者是首饰作品组装的基础和前提，后者是首饰作品组装的具体实施。

当然，与首饰制作工艺一样，首饰的组装也不是一成不变的，设计师可以根据自己作品的实际需要，创造性地设计和制作独特的首饰配件以及冷连接方式，重要的是，这些独特的首饰配件以及冷连接方式，一定是经过深思熟虑之后的结果，一定要与作品的整体相协调，只有做到了这一点，那些独特的首饰配件以及冷连接方

式，才会融入作品当中，与作品成为一个整体。而这些配件以及冷连接方式，作为作品的细节，发挥着十分重要的艺术造型作用。

首饰配件的种类较多，常见的有：坠头、接头、扣接头、耳钉、袖扣、别针、合页、锁头、搭扣、跑链、跳环、钩头、卡头等，大部分的首饰配件都能在市场上买到，不过，由于市场上的首饰配件都是大批量生产的产品，缺乏个性，所以，许多情况下，都不太适合现代限量首饰设计的需要。

冷连接工艺实际上是指无须经过焊接就能实现连接的工艺，它给个性化的首饰制作带来了极大的方便。冷连接工艺大致分为铆接、螺丝连接、串联、开合式连接、捆绑、胶粘等几种。

3.4.1 工具与设备

用于首饰作品组装的工具与设备比较庞杂，因为，相对来说，组装工艺是一项综合的工艺，牵涉的面比较广，比如首饰配件的制作，不仅包括起版、焊接、铸造、精修，还有抛光，甚至镶嵌等工艺。所以，综合来讲，适用于起版、焊接、铸造、精修、抛光以及镶嵌等工艺的工具和设备，都可以适用于组装工艺之中。不过，由于首饰配件的体量都比较小，首饰作品本身的体量也并不算大，所以，适用于首饰组装工艺的都是小型的工具和设备，例如：锤子、钳子、锉子、型铁、火枪、抛光机、小型车床，等等。

3.4.2　首饰配件的制作

首饰配件的制作：接头

　　接头的造型多种多样，可根据不同的作品主体的造型来进行相应的造型设计。一般来说，用得较多的接头的形体有"T"形、"S"形、环形，等等。不管是何种造型，接头的设计制作都应该遵循简便实用的原则，接头的各个零件之间应该是活动自如的、小巧的，而不是固定笨重的。

▲　银手链的接头制作

1 准备两段长度为 0.5 厘米、直径为 0.4 厘米的纯银管，两块 1 厘米见方、厚度为 0.6 毫米的纯银片，以及一根长度为 4 厘米的 925 银丝。

2 把两段银管分别与两块银片焊接在一起，焊接时注意不要使用过多的焊药。

3 用锯子锯掉多余的银片，并用锉子依据银管的外壁将多余的银片锉掉，使银管的外壁整齐、光滑。

4 再在银管封闭的一面分别焊接一个银环，做成两个堵头。银环用直径为 0.4 毫米的纯银丝制成，制成后的银环的内径为 0.4 厘米。

5 分别把两个堵头焊接在银手链的两端，焊接堵头时注意使用中温焊药，这样可以防止堵头上的银环由于再次受热而脱落。

6 使用一边为月牙形、一边为圆柱形的钳子，把 925 银丝拧成需要的弯钩造型，弯钩尾端的圆圈与堵头的银环套在一起。

7 弯钩与堵头套好之后，使用中温焊药将弯钩尾端的圆圈焊接好。焊接时注意少量使用焊药，防止不小心把弯钩与堵头的银环焊接在一起。

8 待焊接全部完成之后，把手链放入酸液中酸洗，取出后用锉子和砂纸去除多余的焊药，必要时再给搭扣抛光。至此，接头的制作即告完成。

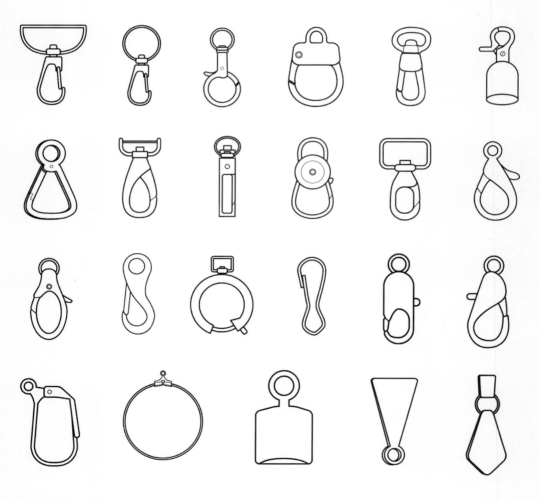

▲ 链条接头设计参考图

首饰配件的制作：双别针

胸针的别针有单、双别针之分，单别针适用于体积较小、分量较轻的胸针，而双别针适用于体积较大、分量较重的胸针。不管是哪一种别针，都应该焊接在胸针背面中部偏上的位置，这样可以有效地防止佩戴胸针时，胸针发生前倾。

单别针的制作比较简单，只不过比双别针少一根针而已。故此，这里仅以双别针来作为演示范例。

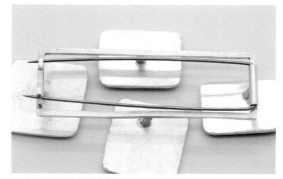

▲ 胸针的双别针制作

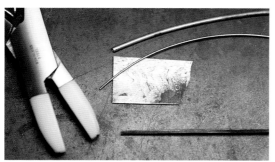

1 准备一段内径为 0.8 毫米的纯银管、一根 2 毫米见方、长度为 20 厘米的 925 银丝，以及一根直径 0.7 毫米、14 厘米长的钢丝。

2 用方银丝制作一个长方形框架，并在框架上焊接四段方银丝。

3 将做好的框架与胸针的主体部分焊接到一起，之后，用锉子和砂纸修整框架。

4 截取一小段银管，作为别针的锁头，再截取一小段方银丝，用钳子弯折，做成别针的扣头。

5 把锁头和扣头焊接到框架上，注意，一般来说，锁头在右边，扣头在左边。如果胸针的佩戴者是左撇子的话，锁头在左边，扣头在右边。

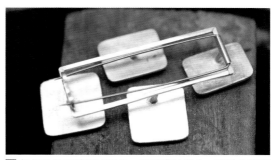

6 把钢丝的两端锉成针尖，然后穿过锁头，两边分别弯折 90°，针尖扣进扣头中，完成双别针的制作。

首饰配件的制作：吊坠头

吊坠头是把吊坠和链条连接在一起的首饰配件，它必须做到吊坠和链条连接在一起之后，两者都是各自独立的，都可以活动自如，所以，吊坠头又称跑链，大约是链条可以跑来跑去的意思吧。

吊坠头的造型多种多样，需根据吊坠的形体来做相应的设计和变化。这里介绍常用的倒三角形的吊坠头的制作。

▲ 吊坠头制作

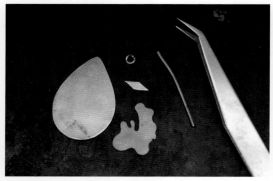

1 准备一块黄铜饰片、水滴形紫铜片、一个小银环和一块菱形纯银片。

2 用肌理錾子在紫铜片上錾刻肌理，制作出来的肌理不能显得生硬，而应显得自然。

3 先把中温银焊药熔化在紫铜片上，但不要让焊药彻底熔化和平摊在紫铜片上，而应该维持一定厚度，形成数个焊药凸起。

4 再把黄铜饰片放在隆起的焊药凸起上面，用焰炬同时加热紫铜片和黄铜片，焊药再次熔化，黄铜饰片旋即下沉，与紫铜片紧密贴合，完成两者的焊接。这是一种十分干净的焊接法，因为焊药被黄铜片完全遮挡住了。

5 接下来将一小片中温银焊药熔化到紫铜片的尖端，再把小银环紧贴焊药熔化后形成的凸起处放置，然后同时加热紫铜片和小银环，焊药再次熔化，完成两者的焊接。

6 用嘴部装有塑料垫的钳子把菱形纯银片弯曲对折，使菱形的两个尖端对齐。

7 弯折后的菱形银片与小银环串在一起，把菱形的两个尖端对齐、夹紧，再用中温银焊药把两个尖端焊接在一起。

8 检查每一个部位的焊接是否严实，之后，把饰件放入酸液中酸洗。

9 分别用锉子和砂纸打磨饰件，再用较细的砂纸（1500目）仔细打磨紫铜片的表面和边缘，使紫铜片上的肌理变得更加明显。

10 抛光之后，在整个饰件的表面打一层薄薄的汽车蜡，以确保饰件不再氧化变色。

▲ 扣接头设计参考图 – 1

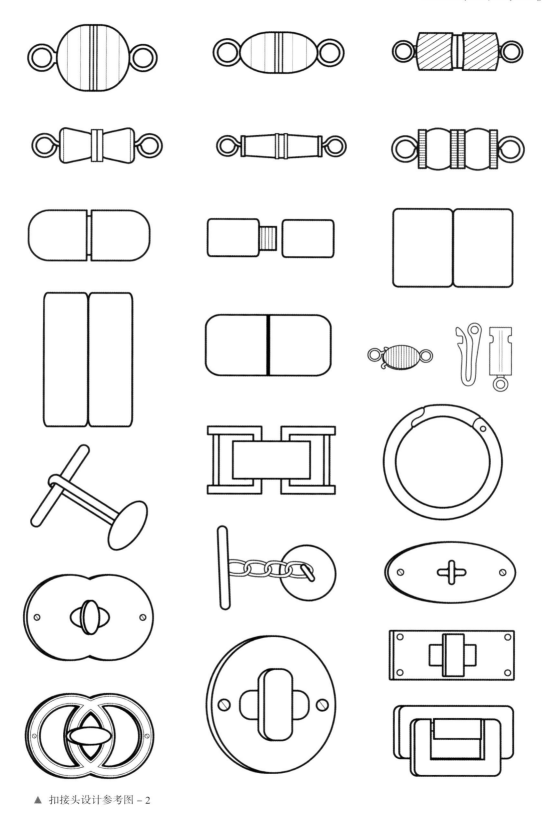

▲ 扣接头设计参考图 – 2

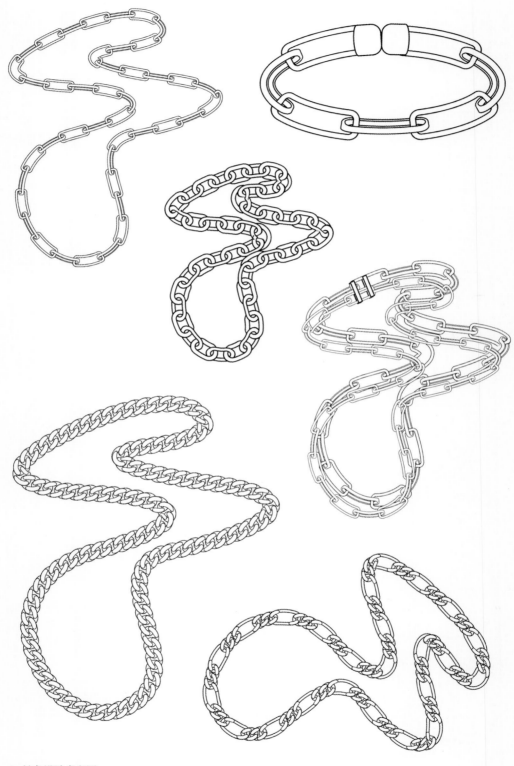

▲ 链条设计参考图

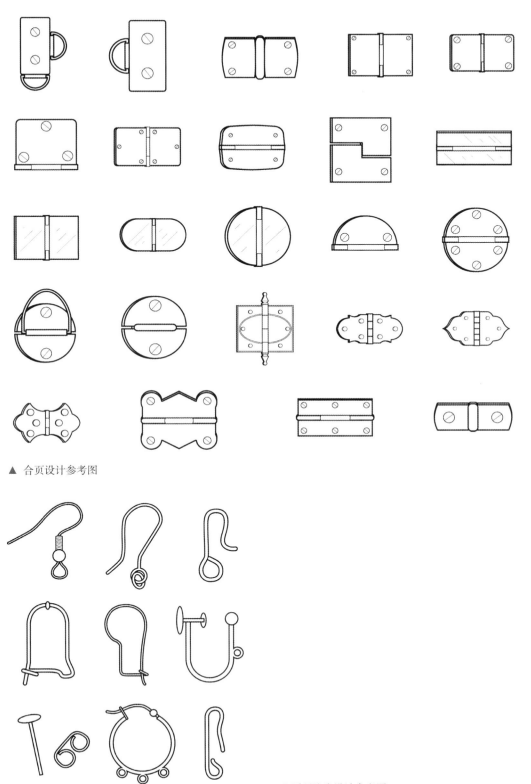

▲ 合页设计参考图

◀ 耳环坠头设计参考图

3.4.3 冷连接工艺

冷连接主要指通过非焊接的方式来连接工件的工艺，大致有铆接、螺丝连接、串联、开合式连接、捆绑、胶粘等几种，主要适用于不能（如木材）或者不便（如着色后的金属片）经受高温加工的材料。

此处介绍铆接工艺，以金属作为基本材料来进行连接，展示铆接工艺的原理。掌握其原理之后，可以举一反三，根据不同的作品要求，灵活地调整工艺中的一些细节。

▲ 金属装饰片的铆接

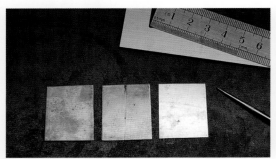

1 准备长 4 厘米、宽 3 厘米，厚度为 1 毫米的紫铜片、黄铜片和 925 银片各一块，表面用橡胶锤敲平。

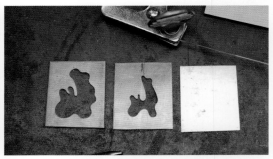

2 用锯子分别在黄铜片和紫铜片上镂刻纹样，银片无须镂空，因为，它处于最底层，是作为背景而存在的。

3 把三块金属片用双面胶粘在一起，再把它们竖向固定在铣床的夹具中，用 7 号铣刀将三块金属片的边缘削平。

4 再把粘在一起的三块金属片横向固定于铣床的夹具中，用 1.5 号麻花钻头分别在四个角钻孔，孔要钻透全部金属片。

5 小心地把粘在一起的金属片拆开，清理干净残留的双面胶。用直径略大于孔洞的球针，打磨黄铜片正面孔洞的洞口，使孔洞的洞口略宽。

6 用相同的球针，打磨银片反面孔洞的洞口，使孔洞的洞口略宽。

7 取一段直径与金属片上的孔洞的直径相一致的圆形 925 银丝，用焰炬烧灼银丝的头部，一旦银丝头部熔化成球状，立刻撤去焰炬。

8 用剪子剪下头部呈球状的这一小截银丝，银丝的末端锉成半球状，其长度为 3.2 毫米（三块金属片的总厚度为 3 毫米，再加 2 毫米）。共制作 4 段相同的银丝。

9 金属片相叠（黄铜片为上层、紫铜片为中层、925 银片为下层），把 4 段银丝分别穿过 4 个孔洞，银丝的球状头部位于金属片正面。之后，把金属片翻过来放在钢砧上，用圆头锤轻轻敲击银丝的半球状末端，使半球状末端渐渐塌陷到孔洞已被拓宽的区域。

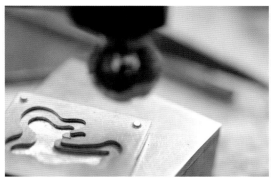

10 再从正面轻轻敲击银丝的球状头部，使球状头部渐渐塌陷嵌入到孔洞已被拓宽的区域。注意，锤敲的力度要适中，先用圆头锤敲击，再用平头锤整平。

11 再锉子锉掉多余的银丝，使银丝头部与金属片齐平（也可保留多余的银丝作为一种装饰而存在）。

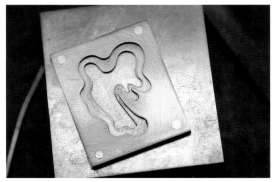

12 必要的话，用砂纸小心地打磨银丝，完成铆接工艺的制作。

艺廊 Gallery / 冷连接首饰作品

<table>
<tr><td>1</td></tr>
<tr><td>2</td></tr>
</table>

1. 胸针，《金牙和尾巴山谷》，西蒙·科特瑞尔（Simon Cottrell），蒙乃尔合金、不锈钢、黄金。
2. 手镯，厄瑞·威廉姆斯（Erin Williams），紫铜、黄铜、皮革、橡胶、玻璃、塑料。

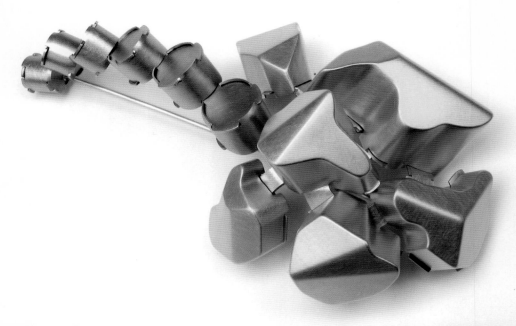

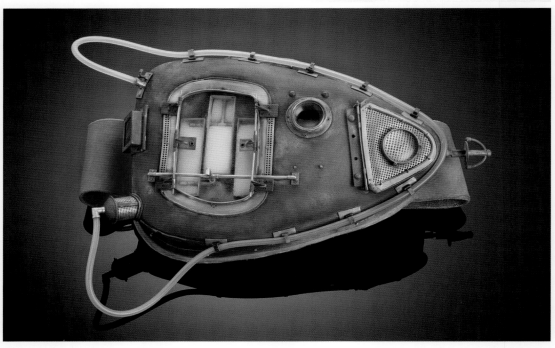

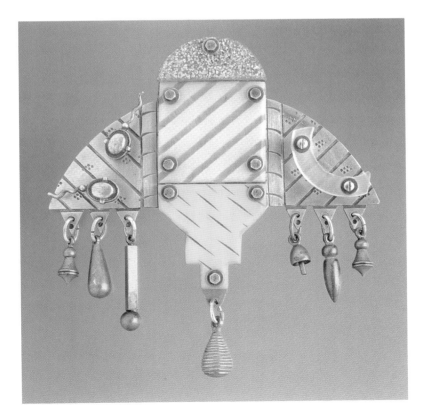

$\dfrac{1}{2}$

1. 胸针，《剧终3号》，弗莉克·里斯特（Felieke van-der Leest），玻璃珠、塑料动物、银、皮革、纺织品。

2. 胸针，《圣像系列》，托马斯·曼（Thomas Mann），黄铜、青铜、镍、树脂。

1   1. 胸针，《沙漠之星》，朱迪·麦克采格（Judy McCaig）、银、水晶、木材、铁。

2 | 3   2. 胸针，《艾尔丝》，茜瓦尔·华兹（Silvia Walz），银、紫铜、珐琅、树脂、塑料、珍珠壳。

       3. 戒指，诺阿·娜迪尔（Noa Nadir），钟表零件、缝纫机零件、橡胶带。

思考题与练习

1. 金属表面肌理制作大致分为几种类型？

2. 什么是金属表面着色工艺？

3. 思考首饰配件在首饰作品中的作用和价值。

4. 冷连接工艺在首饰设计与制作中有什么优势？

5. 练习在银片上镂刻动物纹样。

6. 练习金属的焊接工艺。

7. 利用干枯的树叶在银片上轧印叶脉的痕迹。

8. 用银片练习白银氧化工艺。

9. 制作一枚胸针的别针配件。

金工首饰设计与制作——

第 **4** 章

金属工艺高级技法

Senior techniques of metalsmith

4.1　金属型材成形工艺

金属型材是指具有一定强度和韧性的金属材料（如铜、钢、铁、铝等）通过轧制、挤压、铸造等工艺制成的具有一定几何形状的金属件，它是一种具备一定截面形状和尺寸的材料，通常由固定的模具生产出来，有统一的规格。例如，普通型钢按其断面形状可分为工字钢、槽钢、角钢、圆钢等。

常用于首饰制作中的材料如金、银、铜、钛、铝等，也有型材出售。一般来说，这些型材包括片材、线材、管材等，细分下来，每一种片材、线材和管材又有不同的大小尺寸与厚薄，为我们的首饰制作提供了极大地方便。当然，虽说型材的直接使用可以节约大量时间，但是，型材的价格要比原料的价格高一些，因为，型材的加工毕竟需要花费加工工人的时间和劳动，必然会增加型材的价值。

金属型材的成形工艺在金属加工工艺中的应用十分广泛，占有重要的地位。可以说，金属型材的成形工艺奠定了金工首饰制作的基础，一般来讲，首饰设计院校都会以金属型材的成形工艺作为金工首饰课程的入门课程，是否熟练地掌握了金属型材的成形工艺，直接决定了学生今后首饰制作方面材料和工艺的取向。有时，金属型材的成形工艺也作为首饰制作的基本功而存在，成为一种检验制作工艺是否达到精湛的标准。

4.1.1　工具与设备

金属型材的成形工艺包括片材、线材、管材的加工和改造，例如，利用片材制作球面凸起、椭圆形凹槽、镶口、盒锁、框架等；利用线材制作素丝、花丝、铆钉、螺柱、镶爪、包边、支架、跳环等；利用管材制作螺母、锁头、链条、合页等。这些物件的制作较为琐碎，且有一定的规范作为指导。如果这些物件的制作不够规范的话，势必影响整件作品的美观程度。

显然，金属型材的成形工艺牵涉面比较广，它所涉及的工具和设备也比较多，对于一名合格的金工首饰制作者来说，熟练地运用这些工具和设备，的确是必不可少的。

这些工具和设备包括常用的锉子、钳子、锤子、拔丝板、吊机、型铁、火枪、压片机、抛光机、清洗机、电镀机、线锯，等等。

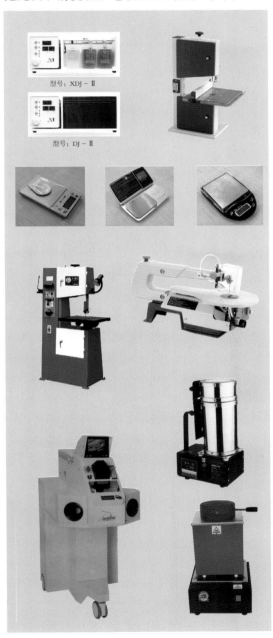

4.1.2 金属型材成形工艺流程

金属型材成形工艺流程示范：黄金半球体

利用片材来制作半球体，也即球面凸起工艺，是首饰制作中运用十分广泛的一项工艺。如果把制作完毕的两个球面无缝对接，再焊接，就成了一个球体，这是非常实用的工艺技术。这里简要介绍球面凸起工艺。

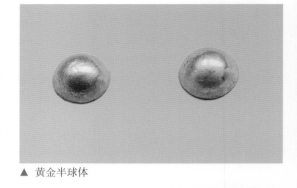

▲ 黄金半球体

1 准备好一块 24K 黄金片，厚度为 0.6 毫米。把黄金片放在窝墩上，用直径与窝墩球坑一致的窝錾压住黄金片。

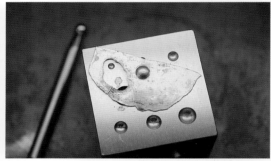

2 用小铁锤敲击窝錾的尾部，使黄金片不断下陷至窝墩的球坑中，小铁锤敲打的力度一定要轻，以免在金片上造成硬伤。

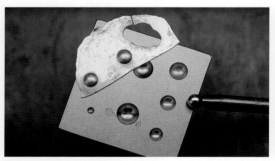

3 先敲好一个半球体，相同方法再制作另外一个半球体。

4 检查半球体的成形状况，如果半球体的高度还不够，必须退火后才可进一步塑造形体。

5 重复步骤 2，修整半球体的造型，直到黄金半球体的表面充分接触窝墩球坑的四壁。

6 把半球体用锯子锯下来，用锉子和砂纸打磨平整，完成制作。

金属型材成形工艺流程示范：银丝的弯折

银丝弯曲成形工艺在首饰制作中也是十分常见的，通过这种工艺能够制作框架结构、连接部件、镶爪、镶边等，应用非常广泛。银丝弯曲成形工艺可以获得直角和斜角，结合焊接工艺，能胜任较为复杂的造型的制作。

▲ 银丝的弯折

1 准备好一段925方形银丝，在银丝一端需要弯折处，先用三角锉锉出一道浅槽，再用方锉把这道浅槽锉得深一些，深度不能超过银丝直径的五分之四。

2 用平行钳把银丝夹弯，使银丝成直角。记住一定要一次弯折成型，如果反复弯折，银丝有折断的危险。然后在弯折处摆放中温焊药，完成焊接。

3 在第二个弯折处，用三角锉和方锉锉出槽线，同样，其深度不能超过银丝直径的五分之四。摆放焊药，完成焊接。

4 在第三个弯折处，用三角锉和方锉锉出槽线，同样，其深度不能超过银丝直径的五分之四。摆放焊药，完成焊接。

5 在第四个弯折处，用三角锉锉出槽线，槽线的深度不能超过银丝直径的五分之四。用平行钳夹弯银丝，再用锯子把银丝的弯折部分锯下来。

6 另锯一小段银丝，放置于弯折银丝的中段，分别在需要焊接处放置中温焊药，完成焊接。

4.1.3 型材成形技巧

利用白银片材来制作银管，是一种非常实用的工艺，因为，银管在首饰制作中的使用率的确是太高了。一般来说，通过一次银管的制作，即可获得一定长度的不同直径的银管，实在是一项一劳永逸的工作。所以，制作银管，是在正式首饰制作之前的一种必不可少的型材成型技巧训练。

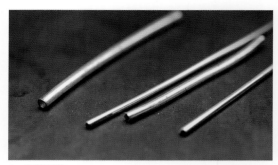

▲ 银管制作

1 准备一条厚度为 0.4 毫米的纯银片，银片的长度为 20 厘米，宽度为 1 厘米。银片边缘需打磨平整。

2 在银片的一端用记号笔画出两条斜线，依据斜线剪开银片，使银片的一端较为尖锐。

3 将银片放在型铁的凹槽中，以窝錾的腰杆作为塑形工具，把窝錾横放在银片上，锤子敲击窝錾，使银片顺着凹槽弯折。

4 把弯折后的银片较为尖锐的一端插入拔丝板的孔洞中，用钳子夹紧后，把整段弯折的银片拉过孔洞。接下来换一个更小的孔洞，继续抽拉银片。经过数次抽拉，银片的两边逐渐弯折对接，银管渐渐成形。

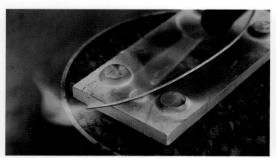

5 经过数次退火和抽拉，银管逐渐成形且变细变长，此时，从银管的中间锯断，留下一半银管，余下的银管继续抽拉，继续变细变长，再截下一半的银管备用。

6 继续抽拉余下的银管，如此反复，即可获得数段直径不同的银管。这些银管的直径通常为 4 毫米、3 毫米、2 毫米和 1 毫米，在日后的首饰制作中，这些银管随时备用。

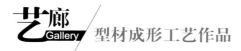

型材成形工艺作品

1	
2	3

1. 胸针，杰奎琳·米娜（Jacqueline Mina），925 银、蛋白石。

2. 胸针，中谷昭子，银。

3. 胸针，简·维伦斯（Jan Wehrens），黄金。

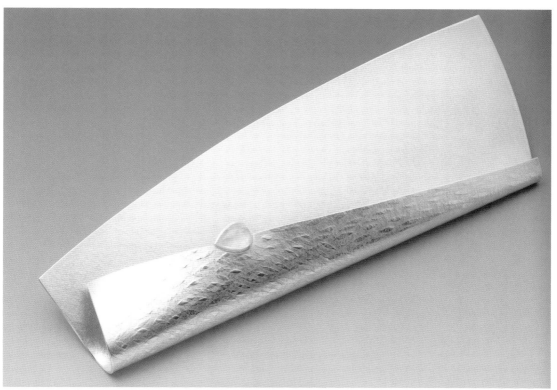

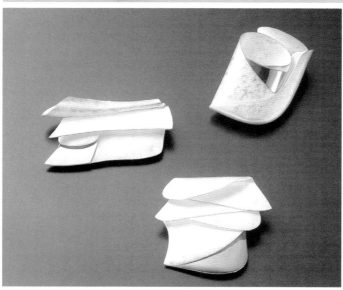

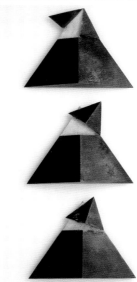

$\dfrac{1}{2}$

1. 蛋糕铲，辛西娅·艾德
   （Cynthia Eid），925 银。
2. 胸针，《正交平面》，弗
   朗西斯科·帕万（Francesco
   Pavan），白金、玛瑙。

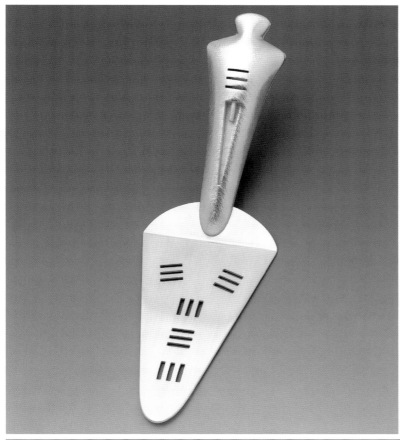

$\dfrac{1}{2}$

1. 面包铲，南茜·斯拉格勒
（Nancy Slagle），925 银。
2. 扣子，维多利亚·阿特波
特（Victoria Altepeter），
纯银、紫铜、黄铜、四分
之一银。

4.2 立体器皿锻造工艺

立体器皿锻造工艺是一种传统金属工艺，在世界各国的传统金属工艺中都能见到它的身影。在这种工艺中，工匠们将金、银、铜、铁等金属材料加工成片材，利用金属的延展性锻打这些片材，最终将它们锻造成具有一定造型的立体器皿。在我国，立体器皿锻造工艺发展到唐代，无论从器物的形制，还是工艺的精细度以及器物的华丽装饰程度都达到了前所未有的高度。传承下来的立体器皿锻造工艺目前在汉族民间地区已很难见到，而在少数民族地区如云南的白族、贵州的苗族、西藏和青海的藏族地区，以及新疆的维吾尔族地区却一直兴盛着，并形成了民族特有的、各具特色的传统器皿锻造工艺。

在立体器皿锻造工艺的初期，人们主要使用黄金、白银、紫铜等金属来锻造器皿，时至今日，随着科学技术的发展，可使用的金属材料的范围已经大为拓展，除了传统的金、银、铜、铁材质，铝、不锈钢、锡、镍等材质也被用于立体器皿的锻造。此外，合金技术也进一步发展，人们也会使用一些合金来锻造器皿，如白铜、镍银、四分之一银、赤铜、斑铜，等等。

传统立体器皿的锻造主要通过纯手工来完成，即便有模具化锻造工序的存在，也是少量的使用，并且，在模具的使用过程中，手工操作的痕迹还是相当重的。所以，立体器皿的锻造，是一项费时费力的工作。现在，由于廉价材质的大量介入，以及社会需求的急速增长，器皿纯手工的加工生产模式已经不能满足要求，故而，许多器皿制造商都引入了机械加工的生产线，从而大大提高了生产效率和产量，降低了产品的价格。不过，这种批量化的产品又由于缺乏设计个性而饱受当下的中产阶级和艺术设计界的诟病。

4.2.1 工具与设备

对于纯手工的立体器皿锻造工艺而言，锻造用的锤子和砧子在这种工艺中扮演了极其重要的角色，当然，工匠的工作经验也是必不可少的。某种程度来说，你拥有何种造型的锤子和砧子，以及这些锤子和砧子的数量的多与寡，直接决定了你的器皿的最终造型和品质的高低。可见，锤子和砧子对于一位锻造工艺师来讲是多么的重要。

除了造型各异的锤子和砧子，其他工具和设备如錾子、台钳、角磨机、冲压机、抛光机等，它们的重要性则退居其次。

造型不同的锤子和砧子各有其具体的用处和用法，需要在实践中去掌握，对于一位长期从事器皿锻造的工艺师来说，勤加练习，以及尽可能多地定制不同造型的锤子和砧子，是获得成功的不二法门。

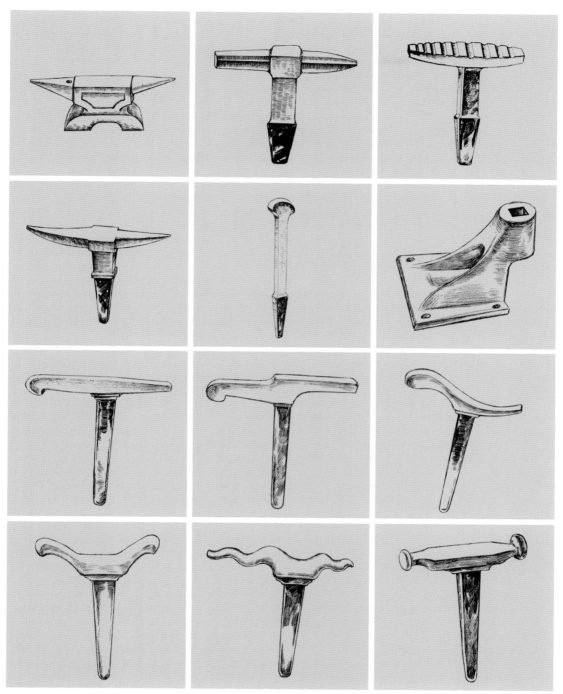

▲ 不同造型的砧子 - 1

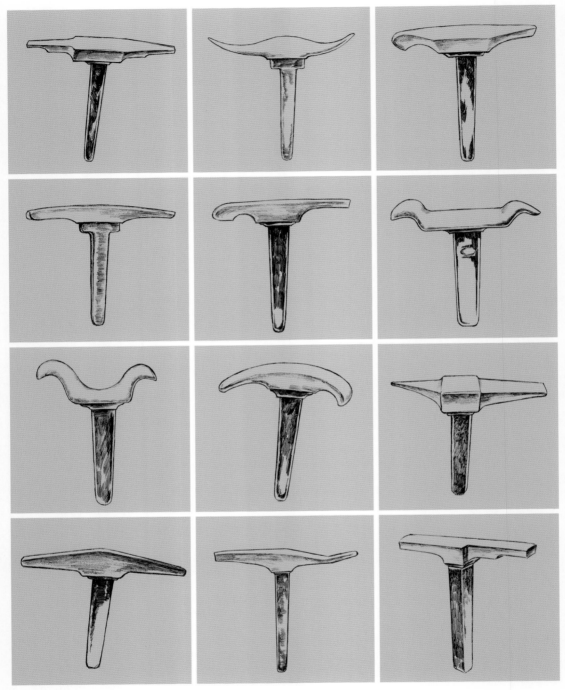

▲ 不同造型的砧子 - 2

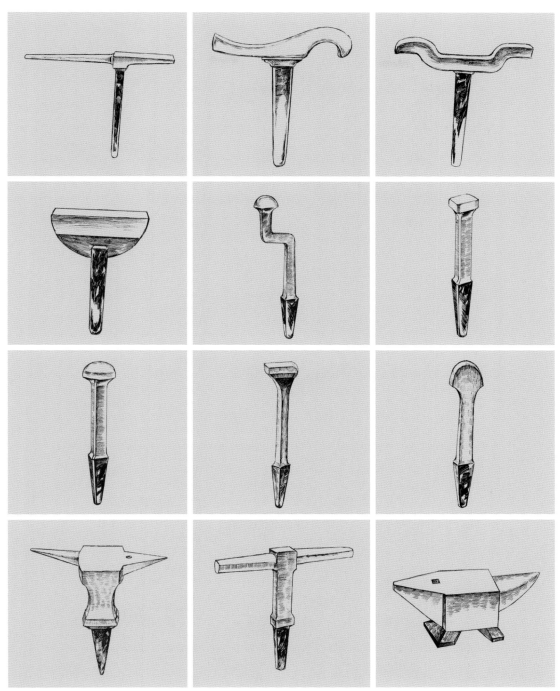

▲ 不同造型的砧子 - 3

▲ 不同造型的锤子

锤头的精修

　　锤子和砧子是立体器皿锻造工艺中使用得最多的工具，两者质量的好坏直接关系到作品的好坏。有时候，一把精致的锤子简直就是一件艺术品，令人爱不释手。锤子和砧子都可以从金工首饰器材店或者五金工具店买到，但一些特殊形状的砧子和锤子则需要定做。一般情况下，锤子和砧子买来后不可以直接使用，还需要经过进一步精修才能够投入使用。这里以锤子为例，简述锤头的精修过程。

▲　锤头的精修

1 用于锻造的锤子一般都质地坚硬，否则，难以胜任锻造工作。将锤头从锤把上卸下来，置于耐火砖上。

2 给锤头退火。锤头一般为钢质，升温较慢，所以加热时间较长，以锤头被烧得通红为宜。

3 锤头退火后变软，可用锉子锉修锤子面。先用较粗的锉子修整锤面，再用较细的锉子去除锉痕。

4 锤子的两头都要锉修，然后用从粗到细的砂纸仔细打磨，直到看不见任何划痕为止。如果要求更高的话还可给锤头进行抛光。

5 给锤头蘸火。先用火枪给锤头加热，直到锤头通体发红为止。

6 用钳子夹住通红的锤头，把锤头迅速浸入冷水中，使锤头急冷，锤头于是变得十分坚硬，完成锤头的蘸火和精修。之后，还可给锤面进行抛光。

4.2.2 立体器皿锻造工艺流程

　　立体器皿的锻造工艺较为复杂，本书以银杯为例，简要叙述其工艺流程。银杯的锻造工艺具有典型性，为立体器皿锻造工艺的基本范式。银杯的锻造工艺分为以下几个步骤：开料、画辅助线、敲大形、修杯底、塑造杯腹、收杯口。当然，杯底、杯腹和杯口这些部分的锻造并非一蹴而就，而是需要经过多次锻造才可成形。

　　实际操作中需不断积累经验和心得，做到心手一致，才可使器物的造型趋于完美。

▲ 银杯锻造（陈忠清演示）

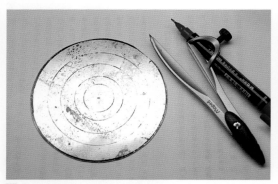

1 裁剪一块厚度为 1 毫米的圆形纯银片，圆银片的直径为 10 厘米。找出圆心，然后画出 4 个同心圆，如同一块标靶。

2 把圆银片置于木墩的凹坑中，用木锤子从银片的背面开始敲击，敲出银杯的大形。应该说，此时的圆银片充其量是一只银盘子而已。

3 将银材垫在钢砧上，从最小的同心圆开始敲打，逐渐转向较大的同心圆，直到最外层的同心圆敲打完毕。最小的同心圆里面无须敲打，因为，那是杯底部分。

4 经过一遍锻造之后，银材已经变硬，应该给它退火，否则，银材的边缘容易开裂。一般来讲，在立体器皿的锻造过程中，口沿开裂是较容易出现的。

5 重新在银材上画同心圆，换一只较小的钢砧，钢砧的直径与杯底基本一致，再次按照步骤 3 再次对银材进行锻造。

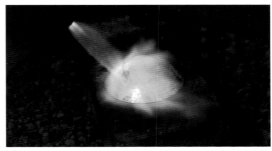

6 银材变硬后及时退火。此时，经过两遍锻造之后，银材不再像盘子，而已呈现大致的杯子的造型。

7 用平锤轻轻敲打杯底，使之平整。由于垫在杯底部分下面的钢砧的直径与杯底基本一致，所以，杯底的锻造较为简单。

8 再次按照步骤 3 锻造银杯的腹部。

9 退火之后，还是依照步骤 3 来锻造银腹。由于每个人运用手臂敲打银材的力量不同，所以，应根据银腹的实际成形程度，决定应该重复几遍步骤 3 的锻造过程。

10 一般来说，步骤 3 需要重复至少十遍，银杯腹部的造型才算结束。

11 银腹的锻造结束之后，就可以锻造杯口了。此时，应该更换一只球面钢砧，有利于收口。

12 杯口的塑形也需要经过 3 遍以上的锻造。切记，杯口的锻造不可急躁，一定及时退火，否则杯口极易开裂。

4.2.3　立体器皿锻造技巧

立体器皿锻造技巧—1

　　用于立体锻造的锤子和砧子的造型极其多样，初学者往往摸不清楚这些造型各异的砧子和锤子的具体用途，此外，初学者在锻造的过程中，较难掌握锤击的受力点，也就是说，锤子敲打金属的部位没有找准，金属下面的砧子没有垫实，造成"空敲"。这里有一些锤子和砧子的锻造操作图，对于这些锤子和砧子的不同用途，以及锤敲的受力点的介绍，都是一目了然的。

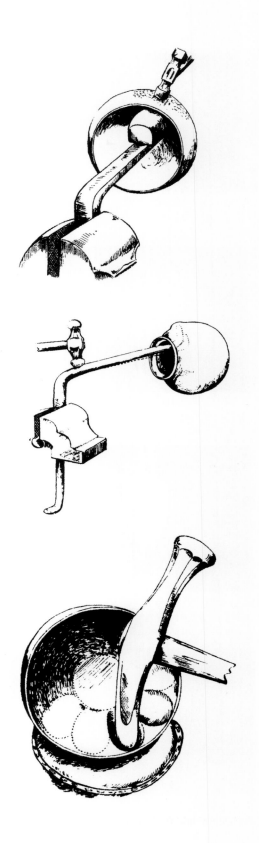

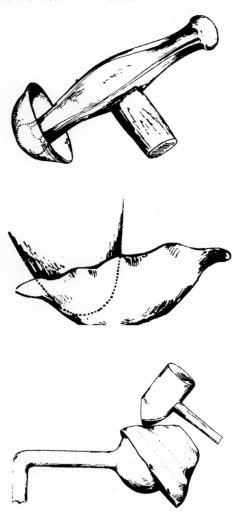

▲ 不同锤子和砧子的锻造操作图－1

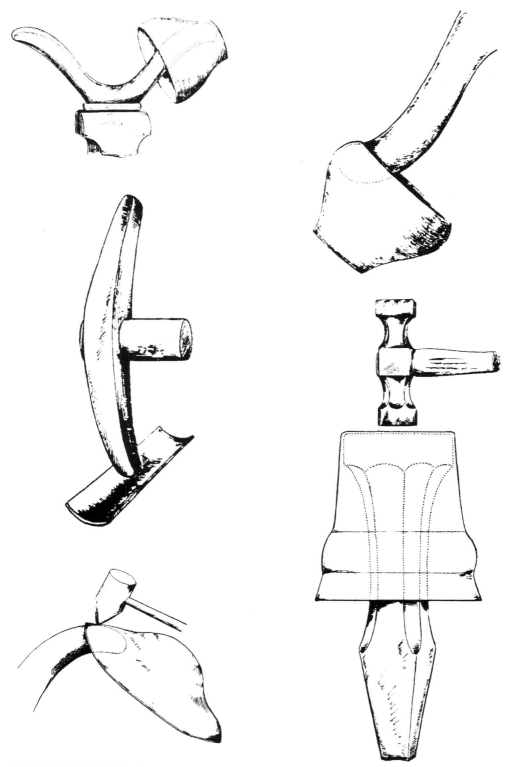

▲ 不同锤子和砧子的锻造操作图 – 2

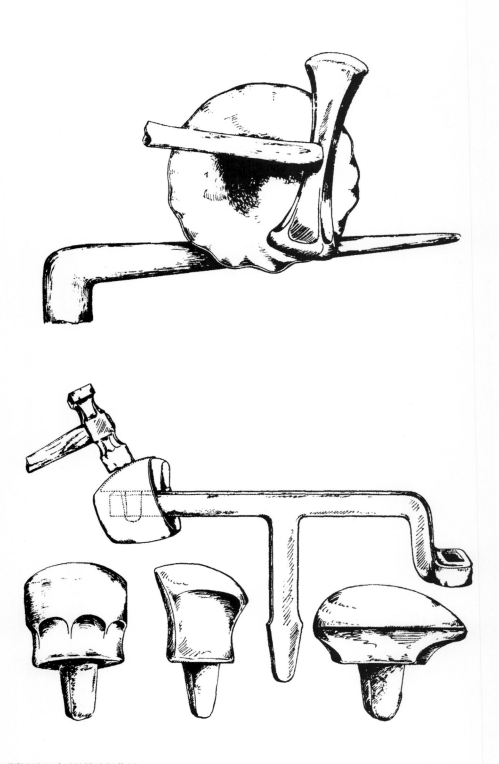

▲ 不同锤子和砧子的锻造操作图 − 3

立体器皿锻造技巧—2

　　金属器皿的圆角处理技巧和金属片的卷边处理技巧，在立体器皿的锻造中是使用得非常多的技巧，初学者需要不断练习这两种技巧，以此来熟悉金属的成形特点。

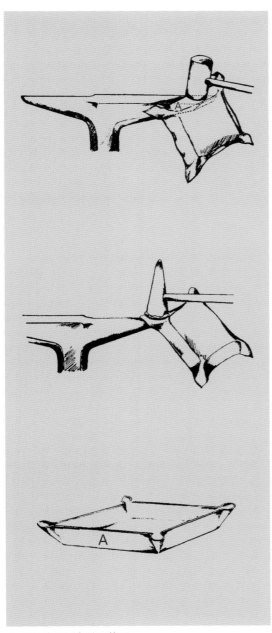

▲ 金属盘的圆角处理技巧

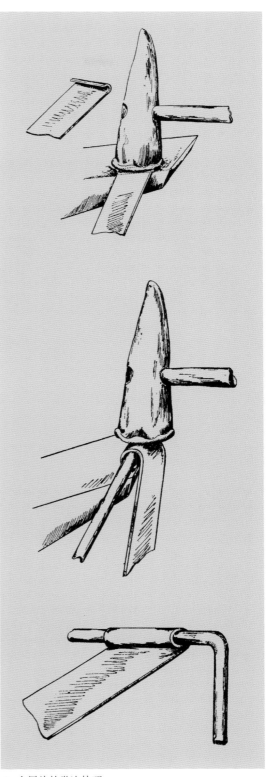

▲ 金属片的卷边技巧

立体器皿锻造技巧—3

在立体器皿上锻造浮雕装饰，属于较为复杂的加工工艺。它是一种综合性的立体锻造技巧，可以塑造较为繁复的、精巧的器物造型和装饰纹样。当然，它也是一种相当耗时的工艺技巧，需要足够的耐心、毅力以及灵巧度来支撑。当然，付出了足够多的时间和精力，所获得的器物造型和纹样装饰也就会足够精美。

▲ 在银杯上锻造浮雕（陈忠清演示）

1 运用立体器皿的锻造工艺流程制作一只银杯，给银杯退火待用。

2 选择一只与待塑造的纹样面积大致相当的钢砧，作为锻造的支撑。

3 用圆头锤敲打纹样预计位置的四周，使纹样的四周下陷，中心凸起，凸起的高度应略高于最终纹样的实际高度。

4 银杯退火之后，在银杯中灌满胶（胶由松香、立德粉和机油按照 4 : 2 : 1 的比例配制），在银腹凸起的部位用记号笔仔细描绘纹样。

5 用平头錾、线錾和圆錾塑造纹样，其工艺流程可参考浮雕锻造工艺流程。

6 浮雕塑造完成，用火枪加热银杯，去除银杯中的胶，然后酸洗银杯，再用铜刷子清除污渍。

艺廊 Gallery / 立体器皿锻造作品

1	
2	3

1. 茶具、咖啡具，查尔斯·杰克斯（Charles Jencks）设计、艾烈希（Alessi）公司制作，银。

2. 四足装饰盒，WMF 公司设计制作，黄铜镀银。

3. 咖啡具，埃里克·马格鲁森（Erik Magnussen），925 银、镀金。

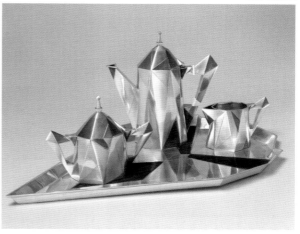

$\dfrac{1}{2}$

1. 器皿，丽萨·威尔逊（Lisa Wilson），纯银。

2. 器皿，《兽爪碗》，瑞贝卡·弗兰克（Rebekah Frank），紫铜、青铜，摄影：布伦特·贝特斯（Brent Bates）。

$\dfrac{1}{2}$

1. 餐具，罗伯特·拉普
（Robert H.Ramp），
925 银。
2. 装饰器皿，贴佐美行，
925 银、四分之一银。

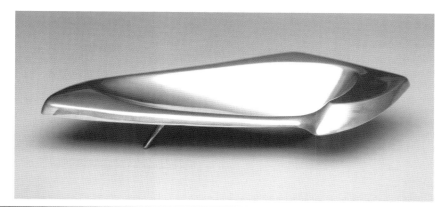

思考题与练习

1. 金属型材的成形工艺包括哪些主要内容?

2. 什么是立体器皿锻造工艺?

3. 用银片练习制作一件小茶杯。

4. 练习在银盘中錾刻云纹。

第 5 章

首饰制作高级技法

Senior techniques of jewelry making

5.1 金属嵌接工艺

在以往的首饰设计与制作中，贵金属是最常用的制作材料，如黄金、白银、铂金、稀有宝石，等等。不过，首饰艺术发展到今天，其制作材质已经有了翻天覆地的变化，最显著的标志就是：廉价材质的介入。在现代首饰设计作品里，贵金属与廉价金属的搭配使用早已司空见惯。

我们知道，不同金属之间的镶嵌实际上古已有之，最负盛名的就是汉代的金银错，看来古代人早就掌握不同金属之间不同的延展性和硬度，不但掌握了，而且还很好地利用金属的这些特性，发明了金属镶嵌工艺，制作了为数众多的、精美的工艺美术品。在这些金银错作品中，汉代的金银错工艺是最精湛的、具有代表性的，它基本为权贵所垄断，这种奢华的工艺到后来有所式微，直至消亡。

金银错工艺在汉代一般以铁、青铜做胎，青铜是铜与锡的合金，硬度比纯铜（紫铜）要高，当然比黄金和白银也都要高，铁亦如此，这样，黄金和白银就可以嵌入到铁胎和青铜胎的刻线之中，经过修整、锉平和抛光等工艺，最后在铁和青铜的衬托下，黄金和白银的颜色得以显现，精美的图案流光溢彩。

在现代的首饰设计与制作当中，金银错工艺也屡有应用，不过，镶嵌的图案有了很大变化，较少有正统的传统吉祥纹样，较多运用所谓装饰图案，甚至纯粹抽象的线条而已。虽装饰的内容变了，但金银错工艺的原理并没有变。除了金银错工艺，现代人举一反三，只要是颜色不同的金属，都可以拿来拼接和镶嵌，也许，这种装饰的灵活性是现代工艺美术的一大特点。首饰设计师较少被传统所羁绊，在制作金属镶嵌时，可以选择多种多样的金属进行搭配，比如惯常的铁与黄金、铁与白银、青铜与黄金、青铜与白银，还有白银与黄铜、白银与紫铜、紫铜与黄金、钛与白银、乌铜与黄金、乌铜与白银等，都

可以拿来做镶嵌，效果还着实不错。当然，这些金属镶嵌还结合了金属着色工艺，以便于不同颜色的金属之间，相互映衬，相互对比，形成较强的艺术表现效果。

这里顺便提一提日本的金属镶嵌工艺，他们有许多工艺是我们所没有的。日本传统的金属镶嵌工艺虽源于中国，但经过多年传承与发展，已经自成体系，并且不断有创新，时至今日，日本的现代金属镶嵌应该说是水平极高的，这与日本人始终对手工艺抱有热情和尊重是密切相关的，日本政府有保留和发展传统工艺的专门机构，形成了良好的手工艺保护机制，例如"人间国宝"制度，就很好地起到了保护传统技艺的作用。日本文物保护委员会于1950年颁布了《文物保护法》，设立了重要无形文物技术指定制度，这是继实物方面的国宝——有形文物认定制度之后的又一重大举措，进一步认定所谓"人间国宝"——无形文物技术拥有者。这一制度试图保存和发展日本传统工艺，规定了工艺技术为"无形文物"。被封为"人间国宝"的各类工艺师们，有了政府的扶持和保障，衣食无忧，从而可以潜心钻研各类技艺，把传统技艺完整保留和继承，并有所发扬。例如日本的雕金"人间国宝"中川卫先生，充分利用金属的不同色彩和硬度，创作了许多工艺精良、装饰华美的金属器皿作品，他不但使用黄金、白银等传统材质来进行镶嵌，还使用K金、彩金、四分之一银、赤铜、紫铜等材质，做胎的材质也很丰富，有铸铜、铸铁、紫铜，甚至四分之一银等。所谓四分之一银就是白银与紫铜的合金，紫铜占四分之三，白银占四分之一，这种合金经过煮色，能呈现深浅不同的灰色，对金银色是一种很好的衬托。所谓"赤铜"，就是紫铜与黄金的合金，在中国，这种合金叫"乌铜"，比例大约为紫铜占百分之九十五，黄金占百分之五，经过煮色，赤铜显现较重的黑色，也是一种极

佳的衬托色。除了不同色泽的金属的应用，中川卫先生还通过精确控制刻线的深浅，来实现层层镶嵌，这样就极大地丰富了画面的层次和肌理。有了这些材质和工艺的运用，中川卫先生的金属镶嵌作品拥有诸多高雅的色调，如深蓝色、古铜色、金色、银色、灰色、咖啡色、黑色，等等。虽大部分为传统镶嵌工艺，但作品的现代感十足，深受大众的欢迎，无疑，这是一种继承和发扬传统工艺的良好途径。

金属嵌接一般分为贵金属之间的嵌接、贵金属与普通金属的嵌接，以及普通金属之间的嵌接三种形式。

5.1.1　工具与设备

金属嵌接工艺的工具和设备相对比较庞杂，体量较小，比如雕刻刀、錾子、锤子、锉子、砂纸、火枪、吊机、角磨机、抛光机等等，可见，金属嵌接工艺还是处于纯手工的加工范畴。当然，越是纯手工的加工方法，工艺师的制作经验也就越发显得重要，所以，我们必须在不断的实际操作中来学习使用这些工具和设备，直至完全掌握金属嵌接工艺。

5.1.2　贵金属与普通金属的嵌接

应该说，贵金属与普通金属之间的嵌接方法是多种多样的，只要掌握了金属的基本属性与金属嵌接的基本原理，就可以利用自己学过的金属加工工艺创造性的对各种金属进行嵌接，下页图文展示贵金属（纯银）与普通金属（紫铜、黄铜）的基本嵌接方法。

需要注意的是，我们所选取的金属材质，其延展性尽量较为接近为宜。因为，只有延展性较为接近的金属，在加工过程中才不会出现相互撕扯，从而保证加工过程的顺畅以及表面效果的平滑。

贵金属与普通金属的嵌接—1

▲ 银、紫铜、黄铜嵌接的戒指

1 选取白银、紫铜和黄铜材料，分别进行拔丝处理，使三种材料都呈现线状。这三种线材的剖面都必须是正方形，也就是所谓的"方丝"。方丝有利于金属间的无缝焊接。线材的尺寸约为1.5毫米。

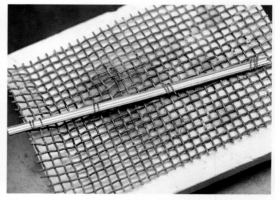

2 把三种金属线材用铁丝牢牢捆绑在一起，这是为了避免在焊接时，由于焊剂的膨胀作用，致使金属丝之间相互排斥和分离。用铁丝捆绑时，铁丝与三种金属之间的捆绑程度不宜太紧，因为，如果铁丝与金属的接触面太大的话，铁丝也会被焊接在一起。

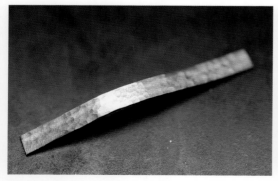

3 经过焊接环节，三种金属丝被牢牢焊接在了一起，成了三色金属件。现在需要对其进行初步加工，可以用锉子对其表面进行挫磨，可使金属件的表面趋于平整，金属丝之间没有焊缝。

4 把经过初步加工后的金属件焊接成环，做成戒圈。焊接时注意尽量缩小焊缝，并使用低温焊料（低温焊料的颜色偏黄），尽量减弱焊缝与整体金属件的颜色对比。

5 现在，我们要给由三色金属件制成的戒圈里面再套一个银戒圈，目的在于统一戒指内圈的色调，同时增加戒指的硬度。内戒圈的材质最好选用纯银，保证具有良好的延展性，便于下一步的戒圈扩展步骤的实施。

6 一内一外，两个戒圈的直径不可相差太大，应保证其差距在一个戒指圈号之间，否则，纯银内圈虽然经过扩大，也无法做到与外围的三色金属戒圈紧密贴合。

7 把内外戒圈同时放进戒指扩充器的扩充棒，均匀用力，逐渐把内戒圈扩大，并与外戒圈贴合。扩充时，注意分别在戒指的两端实行扩充操作，力量不可过大，否则会崩裂戒指圈。

8 分别用砂纸和锉子打磨戒指的各部分，使戒指的表面光滑平整，不同金属的色泽对比清晰可见，去掉多余的焊料。

9 用布轮和抛光蜡对戒指的各部分进行抛光，使戒指的表面呈现高亮度，不见任何摩擦的痕迹。抛光步骤是首饰制作的关键步骤之一，决不可急于求成。

10 完成后的作品很好地反映了白银、黄铜和紫铜的固有色对比。

贵金属与普通金属的嵌接—2

在紫铜片中镶嵌白银纹样，可以取得非常优美的视觉装饰效果。我们可以尝试镶嵌各式各样的造型纹样，其装饰手法，有点类似于黑白装饰画。从工艺上来讲，纹样的镂刻是关键，正形和负形的镂刻尽量做到一致，使两者的嵌接十分吻合、没有缝隙，这样的话，两者的焊接就会相对轻松，其表面不会出现砂眼。

▲ 银与紫铜嵌接的装饰片（崔桠楠演示）

1 准备一块直径为 9 厘米、厚度为 0.1 厘米的紫铜圆片，用马克笔画好纹样，把纹样镂空成负形。

2 取一块厚度与紫铜片相同的纯银片，锯出一致的正形纹样，并把纹样填进紫铜片的负形纹样中。

3 在正负形的交界线摆放焊药片，先用软火加热，待硼砂凝结后，用镊子将移位的焊药片推回原位，继续加热，焊药熔化，完成焊接。

4 检查焊缝，如有缝隙需再次焊接，如果没有缝隙，就可用锉子修整金属件的表面，再用砂纸打磨，直至装饰片的表面完全平整。

5 把装饰片放入硫化钠溶液中（硫化钠与水的比例为 1∶1），仔细观察紫铜颜色的变化。

6 当紫铜的颜色变为棕色，从溶液中取出装饰片，清水冲洗掉溶液，完成装饰片的制作。

贵金属与普通金属的嵌接—3

在紫铜片中镶嵌白银和黄铜纹样，其色彩对比效果更为丰富，此外，利用錾子在紫铜片上錾刻线条，然后把银焊药熔化到线条中去，再经过锉修和打磨，白色的银线条就显露出来了，装饰效果比较华丽。

▲ 银、黄铜、紫铜嵌接的装饰片（许安怡演示）

1 先把银片和黄铜片嵌接到紫铜片中（嵌接方法同上页），然后把装饰片固定在沥青胶上，用马克笔绘出装饰线条。

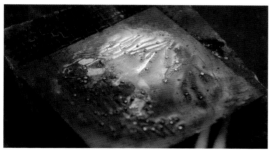

2 用较为锋利的錾子依据装饰线条錾刻线槽，线槽的深度以达到紫铜片厚度的三分之二为宜。

3 从沥青胶上取下装饰片，在线槽中涂抹硼砂焊剂并放置中温银焊药片，用焰炬熔化焊药片，使熔化后的焊药流进线槽中。

4 当线槽中充满焊药时，停止熔化焊药。用锉子把装饰片锉平，再用砂纸打磨。

5 把装饰片放入硫化钠溶液中（硫化钠与水的比例为1：1），仔细观察紫铜颜色的变化。

6 当紫铜的颜色变为棕色，从溶液中取出装饰片，清水冲洗掉溶液，完成装饰片的制作。

贵金属与普通金属的嵌接—4

通过把银丝、紫铜丝、黄铜丝和铁丝拧在一起，然后焊接的方法来实现多种金属丝的嵌接，可以获得意想不到的视觉装饰效果。所以，只要大胆尝试，工艺无止境！

▲ 银丝、紫铜丝、黄铜丝与铁丝嵌接的戒指

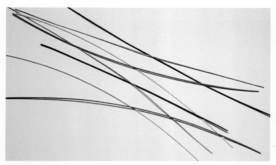

1 选取直径为1毫米的银丝、黄铜丝、紫铜丝和铁丝各一根，长度为15厘米左右。

2 把四种金属丝的顶端用铁丝捆绑，然后用高温银焊药焊接在一起。

3 把焊接好的那一端用台钳夹紧，另一端用钳子夹住，然后拧结。

4 如果不能一次拧结成功，需退火后再次拧结，直到获得满意的效果，然后金属丝浸泡在酸液里去污。

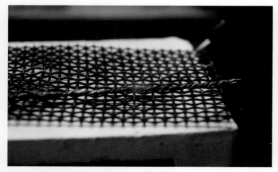

5 用中温银焊药把所有的金属丝焊接在一起，焊接尽量一次成功。

6 用锤子把焊接好的金属件敲平，再检查是否有开裂的焊缝，如果有，则需要再次焊接。

7 用锉子修整金属件，如果有较深的凹坑，需从背面把凹坑顶起来，再用锉子修整。

8 锉子修整完毕之后，把它弯曲成形，用低温焊药焊接成戒圈。

9 把焊接好的戒圈套进戒指棒中敲圆，再裁剪一条银片，弯曲成形。

10 用高温银焊药把银戒圈焊接完毕，再套进戒指棒中用木锤敲圆。

11 分别用锉子把银戒圈的戒面和金属嵌接戒指的内圈锉修平整，再把银戒圈套进嵌接戒圈中。

12 用戒指扩大器把银戒圈与嵌接戒圈紧紧地套在一起。扩充银戒圈时，不可用力过猛，以防焊缝开裂。

13 用锉子修整二合一的戒指内圈和外圈，先用红柄挫，再用油锉。再用由粗到细的砂纸卷完全打磨一遍，最细的砂纸应该用到 2000 目。

14 最后再给戒指抛光，如有必要的话还可以给戒指进行着色处理。

艺廊 Gallery / 金属嵌接首饰作品

$\dfrac{1}{2}$ 　1. 胸针，山下晴吉，铁、紫铜、银、漆。
　　2. 胸针，弗里兹·梅尔霍夫（Fritz Maierhofer），黄金、银。

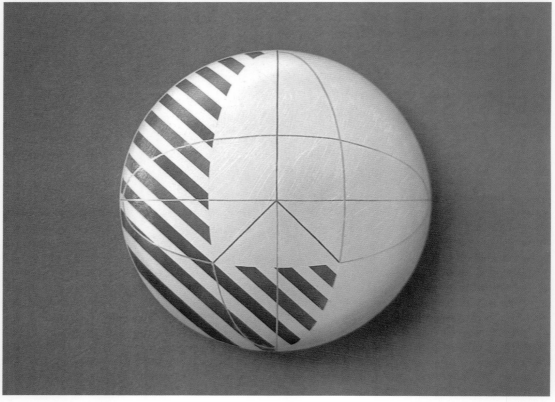

<table>
<tbody>
<tr><td>1</td></tr>
<tr><td>2</td></tr>
</tbody>
</table>

1. 胸针，玛丽娅·弗朗兹（Maria Rosa Franzin），24K 金、18K 金、银。
2. 吊坠，龙泽三郎，黄金、银、紫铜、四分之一银、石榴石、珍珠、青金石。

1
—
2

1. 项链，长谷川真希，银、四分之一银、金箔。

2. 手镯，达拉·德瑞弗（Dana Driver），925银、纯银、玄武岩沙滩石。

5.2　宝石镶嵌工艺

在改变金属固有色的同时，人们还利用金属的坚硬性来镶嵌宝玉石，大家知道，宝玉石是大自然赐予人类的珍贵礼物，而宝石在首饰中的运用由来已久，追溯起来已逾数千年，由此可见人们对宝石的喜爱和追捧是持之以恒的。

从字面上理解，"宝石"就是"宝贵的石头"，用到首饰镶嵌之中，当然不能失去了它珍贵的特性，这样，既能体现佩戴者的财富拥有量，又能彰显佩戴者高贵的品质和权势。那么，在传统的首饰镶嵌法则当中，用于镶嵌搭配宝石的材质大多为贵重材料，如黄金、铂金、白银，等等。在人们的心目当中，只有这些贵重金属才能与宝石匹配，这是从审美价值意义上来说的，如果从工艺的角度来说，这些贵重金属具有极好的加工属性，延展性强，易于制作，绝对是很好的镶嵌材质。

然而，随着现代设计艺术潮流的发展，先进的设计理念不断地渗透到首饰设计领域，首饰不再仅仅是一件实用品和装饰品，它同时也可以是一件艺术品，既能传达作者的审美趣味，又能表达作者的处世哲学和社会价值观。这样，搭配宝石的材质大大丰富起来，既有贵重金属，又有廉价材质，因为，只有拓宽材料的选择性，作者的设计思想才能得以充分发挥和展现。

在现代首饰艺术设计模式中，宝石的运用不再仅仅出于装饰的目的，艺术家在设计每件宝石首饰的时候，他对宝石的选择、排序，包括后期处理，都是非常谨慎的，也许，重要的并不是宝石的色泽、重量、切工等，而是宝石的现有状况是否符合艺术家的设计思想，从这个意义上来说，宝石设计的非装饰化倾向也即艺术化倾向日趋明显，这样一来，对搭配材质的选择也就越加宽泛，最终，宝石与搭配材质紧密配合，充分传达作者的设计意图和艺术理念。

无论如何，各色宝石与其他材质的搭配就构成了首饰镶嵌工艺的前提，前面说了，宝石是稀有的，拥有者必然是花费了大量的金钱，所以他们往往在宝石的镶嵌工艺上颇费了一番心思，谁不愿意宝石能够牢牢地镶嵌在自己的戒指上呢？镶嵌得牢固了，还要镶嵌得美观，能够衬托出宝石的魅力，这就更需要动脑子了。除了对宝石的镶嵌，在现代首饰设计作品中，我们还可以看到许多非宝石类的石头被运用到作品中，这些石头尽管自身价值不高，没准儿是随处可觅的石头，但经过设计师巧妙的镶嵌，这些石头竟然有了生命，有了光彩，有了打动人心的价值，此时，设计者的聪明才智再次扮演了重要的角色，设计师的审美趣味和人格魅力也再次得以展现。

从传统工艺美术中的首饰作品来看，镶嵌技法古已有之，我们在许多博物馆的展品中就能看到，甚至是在原始社会，人们就有了雕磨玉石的能力，就能够把雕磨好的玉石或者兽骨串联起来，做成首饰佩戴在身上。除了串联的方式，古人也已掌握了金属镶嵌宝石的基本技法，如包镶、爪镶以及针镶等技法。不过，由于合金技术不够高超，古人多用纯度较高的金属来镶嵌宝石，金属的纯度高了，硬度就不够，所以古代的首饰镶嵌作品中的宝石往往容易脱落，这是件很遗憾的事情。不过，随着加工技术的提高，以及新的镶嵌用金属的发现和使用，如铂金，其硬度是黄金不可比拟的。可以用作镶嵌的金属材料越来越多，新的镶嵌技法也就层出不穷。目前的市场来看，宝石镶嵌工艺多种多样，有常用的包镶、爪镶、针镶，还有新颖的轨道镶、缠绕镶、群镶、卡镶、无边镶、起钉镶等工艺，这些镶嵌工艺基本都是运用共同的原理来操作，利用金属的延展性来最终完成镶嵌的任务。当然，用于镶嵌的辅助设备也大为增加，提高了镶嵌的精度。应该说，在首饰加工工艺中，镶嵌的技法是最难掌握的，其工艺的种类也是最多最复杂的，用于镶嵌的工具设备也是最多的，要想熟练掌握各类首饰镶嵌工艺确非易事，它不是一日之功就能学到手的，另外，高校首饰工作室的镶嵌工艺条件往往处于最基本的等级，镶嵌工艺课程的课时也较为有限，所有这些客观条件的限制对学生镶嵌工艺的学习造成了一定的困难，所以，高校的首饰镶嵌课程往往扬长避短，在传授最基本的镶嵌工艺技法的同时，讲解镶嵌的最终原理，带领学生操作和实践最基础的镶嵌工艺，如包镶、爪镶和针镶，有条件的才进一步做群镶、无边镶等工艺。另外，课程的设置以及内容都可以看出，技法只是手段，教会学生利用基本的镶嵌技法来打开自己的设计思路，来探索个性化的镶嵌技法才是目的。

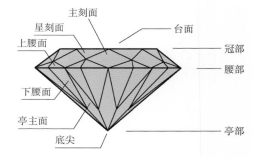

宝石各部位的名称

5.2.1 工具与设备

宝石镶嵌中常用的工具和设备如下：

小铁锤和錾子：多用于包镶中，可以敲打和延展金属。各式锉刀：主要用于修整镶嵌之后留下的痕迹。尖嘴钳：用于将金属爪靠到宝石上，使之牢固。剪钳：用于将高出宝石台面的爪剪去。油石和钢针：用来磨制平铲针和三角针。双头索钳：用于固定各种钢针。软毛刷：主要用于清扫工件，收集加工过程中产生的粉料。硬毛刷：用于清除宝石与镶口之间的杂质，如橡皮泥等。橡皮泥：用于将宝石暂时固定在镶口上。火漆棒：用来固定待加工的物件，对一些易变形的吊件、排链、耳钉等都非常有效。戒指夹：用于夹紧戒指。香蕉水：用于溶解火漆。珠座：用于将爪或钉扣牢到宝石上。螺丝弯钩：用于固定火漆棒。吊机与各式机针：用于打钻位、扩大镶口、打槽位，等等。

设备有宝石研磨机、珍珠打孔机、玉雕机、切割机、角磨机等。用于宝石原料的切割和研磨，给珍珠打孔，等等。

5.2.2　了解宝石

宝石之所以受人青睐，是与它的财富价值、审美价值以及宗教等价值密不可分的。由于内含物质以及化学成分的不同，宝玉石呈现五彩斑斓的颜色，这些颜色不但鲜艳，而且色谱极广，基本可涵盖色谱中的所有颜色，从暖色调的红色到冷色调的蓝色，我们都能在宝玉石中找到。例如红色（红宝石、碧玺、珊瑚、石榴石）、紫色（紫晶）、黄色（黄晶、琥珀）、绿色（橄榄石、翡翠、祖母绿、绿松石）、蓝色（蓝宝石、托帕石、青金石）、黑色（玛瑙）、透明色（钻石、水晶、锆石）、白色（蛋白石），还有多种色彩的混合体（欧泊、玛瑙）等。事实上，即便是上述的每一种宝玉石，都有不同的色彩倾向，如说水晶，就有透明水晶、紫水晶、黄水晶、绿水晶等品种。由此可见，宝玉石的色彩是十分丰富的。我们知道，由于色彩具有天然的美学属性，其物理现象作为一种审美课题便能使人产生美感，正如马克思说："色彩的感觉是一般美感中最大众化的形式。"这是指色彩的自然属性，而各种色彩所带来的不同象征意义即色彩感觉引起的不同心理活动，就恰好是它的自然属性的体现。当色彩成为人们审美的对象时，虽然由于社会生活的多样性、复杂性，理所当然地，不同的民族习尚、文化积淀、经济状况、职业、甚至于性别、年龄等，都不可避免地、直接地影响了人们对色彩的心理反应，但是，另外，由于对色彩的知觉是和人类的生存经验息息相关的，共同的生理和心理素质又使得色彩引起的心理反应表现出某种共性来。这样，色彩便具有了一些人所共知的象征意义，如红色象征热烈和激动，黄色象征高贵和智慧，绿色象征和平和希望，白色象征纯洁无瑕，蓝色象征理性和宁静，紫色象征优雅和威严，等等。

除了丰富的色彩，宝玉石也具有较高的硬度，大多数甚至比金属还要坚硬，尤其是那些无机类宝石（如钻石、尖晶石、红宝石），其硬度超乎一般人的想象。把这些宝玉石镶嵌成首饰，即便是经历多年的风风雨雨，它也不会

被损伤，色彩依旧绚丽，还有保值的作用呢，这是由于它的稀有特性决定的。近几年，和田玉、翡翠与钻石等宝玉石的价格不断上涨就是明证。既然是大自然所赐，它们的资源一定是有限的，不可能采之不尽、用之不竭，人们早就认识到了这一点，而需求却是与日俱增，这时，人造的宝石就应运而生。

除了宝玉石的固有色，人们还可以通过现代加工技术对各种宝玉石进行色彩加工，从而改变宝玉石的固有色，甚至是完全依靠人工合成各色宝石，这些手段得到的宝玉石的色彩一般更加艳丽、更加时尚，为年轻人所喜欢。当然，经过人工处理的宝玉石由于丧失了天然性而有所贬值，这也是可以理解的，毕竟，天然的物质总是有限的，是少数，而人造的物质是可以批量生产的，是多数，物以稀为贵，这是千古不变的道理。好在，现代首饰设计似乎更注重的是艺术家或者设计师的脑力价值，设计者和制作者的劳动价值得以提升，材料的价值有时反而退居其次，这便是现代首饰与传统首饰最大的区别，从这个意义上来讲，传统首饰隶属于工艺美术范畴，而现代首饰则隶属于纯艺术范畴。

宝石的摩氏硬度分级表

硬度	宝石名称
10	钻石
9	红宝石、蓝宝石
8	祖母绿、托帕石、金绿柱石
7	海蓝宝石、碧玺、水晶、玉髓、玛瑙、石英、橄榄石、翡翠
6	石榴石、虎眼石、月光石、鸥泊
5	青金石、绿松石、芙蓉石
4	萤石、贝壳
3	方解石、贝壳
2	琥珀
1	滑石

5.2.3 素面宝石的琢型

素面宝石的琢型主要指表面凸起的、截面呈流线型的、具有一定对称性的宝石琢型。这种琢型的宝石底面可以是平整的，也可以是弧面的，可抛光，也可不抛光。素面宝石的琢型主要应用于不透明和半透明的宝石，或者某些具有特殊光学效应的宝石，如猫眼石、星光宝石、变彩宝石等。

▲ 素面宝石琢型（陈莎演示）

1 以玻璃料为例，演示宝石刻面琢型工艺流程。选取一块紫色玻璃料，用火漆把玻璃料粘连在磨石棒的顶端。粘连时注意使火漆略微包裹住玻璃料。

3 以一定的角度倾斜磨石棒，打磨圆柱形的顶面，使之逐渐呈现球面。根据球面的成形状况不断调整磨石棒的倾斜角度，使球面的表面顺滑。

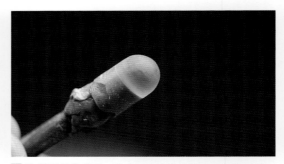

4 从侧面观察球面，当球面的轮廓线较为流畅的时候，更换较细的磨盘，再次打磨球面，去除玻璃料表面的划痕。

5 用毡盘给玻璃球面抛光，毡盘上适当涂抹钻石粉抛光剂，以增强摩擦力，抛光时注意观察玻璃的表面，直到玻璃的表面完全光滑，才停止抛光。

6 用酒精灯烘烤火漆，使之变软，小心卸下玻璃，再把玻璃倒过来，重新粘连在磨石棒上，准备打磨玻璃料的底面。

7 把磨石棒安装在八角手的前端，八角手的刻度盘倚靠在宝石琢型机的台座上，调整台座的高度，使玻璃料的底面与磨盘完全平行。

8 不断地观察玻璃料底面的打磨程度，必要时还可调整台座的高度，直到玻璃料的底面被打磨得完全平整。

9 使用铜盘给玻璃料的底面抛光，在铜盘上涂抹钻石粉抛光剂，以增强摩擦力。抛光时须十分小心，力度一定要轻，以免对铜盘造成意外损坏。

10 当玻璃料的底面完全平整和光滑，素面"宝石"的琢型即告完成。用酒精灯烧软火漆，卸下玻璃，并用酒精擦去玻璃表面残留的火漆。

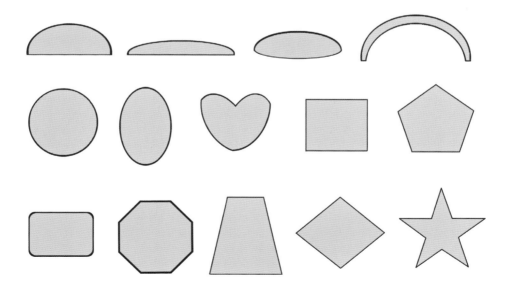

▲ 素面宝石常见造型

5.2.4 刻面宝石的琢型

所谓刻面宝石就是指宝石由若干个平面组成的几何多面体宝石，它以刻面的形状、大小比例和角度来调整反射光和折射光，最大限度地表现宝石美丽的色泽、提高宝石的火彩和亮度。刻面琢型主要适用于透明的、颜色鲜艳的、光泽度高的宝石原料。

刻面宝石的琢型有圆形、方形、水滴形、椭圆形、马眼形、心形，等等。

刻面宝石的琢型：圆形

▲ 圆形刻面宝石琢型（陈莎演示）

1 以玻璃料为例，演示宝石刻面琢型工艺流程。用酒精灯烘烤火漆，把圆柱形玻璃料粘连在磨石棒的顶端。

2 把粘好玻璃料的磨石棒固定在八角手中，八角手的刻度盘依靠在台座上，调整好台座的高度，就可以打磨"宝石"的台面和八个主刻面了。

3 八角手的刻度盘依靠在台座上，再次调整好台座的高度，打磨"宝石"的八个星刻面和上腰面。

4 换上抛光盘铜盘，在铜盘上涂抹钻石粉抛光剂，给"宝石"冠部的所有刻面进行抛光。

5 完成冠部的琢型工作后，用酒精灯烘烤火漆，卸下"宝石"，再把"宝石"倒过来，粘连在磨石棒的顶端，打磨亭部的八个亭主面。

6 八角手的刻度盘依靠在台座上，调整好台座的高度，再打磨八个下腰面。

7 换上抛光盘用的铜盘，在铜盘上涂抹钻石粉抛光剂，给"宝石"亭部的刻面进行抛光。

8 八角手的刻度盘依靠在台座上，调整好台座的高度，先抛光亭部的八个下腰面。

9 八角手的刻度盘依靠在台座上，再次调整台座的高度，给亭部的八个亭主面抛光。

10 抛光时，手上的动作应该肯定，忌讳犹豫，力度保持适中，不可用力过猛，以防损坏宝石料和抛光盘。

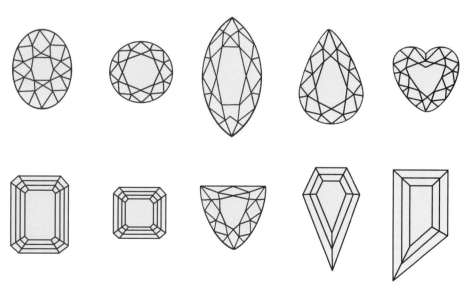

▲ 刻面宝石常见造型

刻面宝石的琢型：方形

方形刻面宝石由方形的台面以及边棱相互平行的刻面组成，四个角被截去，外轮廓线呈八角形，类似祖母绿型的琢型。

▲ 方形刻面宝石琢型（陈莎演示）

1 以蓝色玻璃料为例，演示宝石刻面琢型工艺流程。用酒精灯烘烤火漆，把圆柱形玻璃料粘连在磨石棒的顶端。

2 把粘好玻璃料的磨石棒固定在八角手中，八角手的刻度盘依靠在台座上，调整好台座的高度，圆柱形玻璃料的两边与磨盘平行。

3 首先把玻璃料磨出四个面，使玻璃料呈现规矩的长方体。

4 变换八角手的角度，在玻璃料的四个角磨出四个小平面。

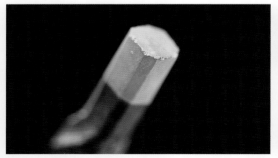

5 此时，玻璃料呈现为八边形的立柱体，这个八边形的轮廓线，就是这颗"宝石"的腰线。

6 八角手的刻度盘依靠在台座上，调整好台座的高度，打磨四个主刻面和星刻面。

7 再次调整台座的高度,使"宝石"与磨盘呈现垂直状态,打磨"宝石"的台面,然后抛光台面。

8 在铜盘上涂抹钻石粉抛光剂,给"宝石"的主刻面和星刻面抛光。

9 如图所示,结束"宝石"冠部刻面的抛光,检查每一个刻面上是否留有划痕。

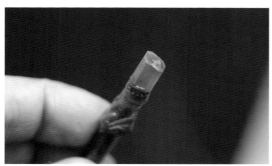

10 完成冠部的琢型工作后,用酒精灯烘烤火漆,卸下"宝石",再把"宝石"倒过来,粘连在磨石棒的顶端。

11 八角手的刻度盘依靠在台座上,调整好台座的高度,打磨四个亭主面和下腰面。

12 换上抛光用的铜盘,在铜盘上涂抹钻石粉抛光剂,给"宝石"的亭主面和下腰面抛光。

13 如图所示,结束"宝石"亭部刻面的抛光,检查每一个刻面上是否留有划痕。

刻面宝石的琢型：水滴形

　　水滴形刻面宝石又称梨形刻面宝石，顾名思义，其外形酷似水滴或者梨形。水滴形刻面宝石具有较多的反射面，所以水滴形刻面宝石会比常规切割的宝石显得更为璀璨。

▲ 水滴形刻面宝石琢型（陈莎演示）

1 以绿色玻璃料为例，演示宝石刻面琢型工艺流程。用酒精灯烘烤火漆，把水滴形玻璃料粘连在磨石棒的顶端。首先磨出"宝石"的台面和7个主刻面。

2 调整八角手刻度盘上的指针，再磨出两个主刻面，使"宝石"冠部的主刻面增加到9个。

3 调整台座的高度，打磨8个星刻面。

4 再次调整台座的高度，打磨18个上腰面。

5 换上抛光用的铜盘，在铜盘上涂抹钻石粉抛光剂，首先给"宝石"的主刻面和台面抛光。

6 再给"宝石"的星刻面和上腰面抛光。

7 完成冠部的琢型工作后，用酒精灯烘烤火漆，卸下"宝石"，再把"宝石"倒过来，粘连在磨石棒的顶端，首先打磨亭主面。

8 八角手的刻度盘依靠在台座上，调整好台座的高度，再打磨下腰面。

9 换上抛光用的铜盘，在铜盘上涂抹钻石粉抛光剂，给"宝石"的亭主面和下腰面抛光。

10 如图所示，结束"宝石"亭部刻面的抛光，检查每一个刻面上是否留有划痕。

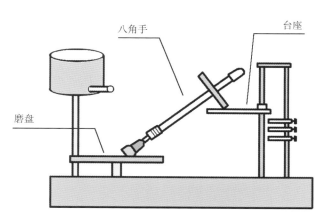

▲ 宝石琢型的机械装置示意图

5.2.5 常用的宝石镶嵌法

宝石镶嵌是首饰制作工艺中难度最大的，不管是镶嵌宝石还是镶嵌廉价宝石，或者非宝石类物品，其镶嵌工艺和种类都是相同的。镶嵌技法的发明源于人们对财富的渴求与炫耀，从设计或者美学的角度讲，是追求色彩的需要。试想，一枚素金戒指，无论打磨得如何光亮，也不会产生彩色宝石那么耀眼的色泽和炫彩，镶嵌一颗或多颗宝石何乐而不为？更何况宝石还是稀有之物，有保值作用呢。

最基本的镶嵌技法有包镶、爪镶、针镶，难度大的有群镶、轨道镶、起钉镶、卡镶、无边镶，等等。由于后面会有包镶、爪镶和针镶的工艺示范，所以这里暂且不展开对它们的文字介绍，而只对不做工艺示范的镶嵌法稍微展开文字介绍。

群镶也称共齿镶，就是一个镶齿可同时用于两颗宝石的镶嵌，这样就减少了镶齿的数量，从而使宝石的镶嵌更为紧凑和繁密，对工艺的要求颇高。这种镶嵌法适合体积较小的宝石，且数量较多。

轨道镶是一种同时并排镶嵌多颗宝石的方法，又称槽镶，从字面意思来理解，就是在金属槽状镶口内镶嵌宝玉石，像一条铁轨，宝石并排相连，煞是好看。具体做法是先在金属托架上铣出沟槽，然后把宝石放进槽沟之中，再把沟槽的两边收紧，卡住宝石的腰部，从而达到镶牢宝石的目的。轨道镶适用于体积或直径相同的宝石，圆形、方形、长方形、梯形的宝石均可，一颗接一颗的连续镶嵌于金属轨道中，其镶嵌面十分平滑，有很好的节奏感。

起钉镶又称硬镶，是在金属面上用抢刀铲起一些小钉来做镶爪，压弯后镶住宝石的一种方法。根据铲起的金属钉的形状可分为三角钉、四方钉、梅花钉、五角钉等。起钉镶主要是用于多颗小颗粒副石的镶嵌，具有一定的随意性，由于镶爪是用手工雕琢完成，工艺难度大，技术要求高，需要勤学苦练才能熟练掌握。

卡镶工艺也称迫镶，其原理是利用金属的张力来夹紧宝石的腰部，从而达到固定宝石的目的，是一种非常时尚的镶嵌方法，这种镶嵌方式使宝石的裸露达到极限，其造型手段十分简洁，现代感十足。

无边镶又称隐秘式镶嵌，顾名思义，是一种看不到金属镶边的技法，也就是说宝石与宝石之间看不到任何金属边或齿，它是首饰镶嵌技术中难度非常大的一种，具体做法是用金属槽或轨道固定住宝石下端，并借助于宝石之间以及宝石与金属之间的压力固定住宝石，当人们俯视石头时，镶口是被遮挡的，看不到凹槽的痕迹，这种技术很难掌握，它要求宝石的大小、切工高度一致，误差不超过千分之三。这种镶嵌法在课堂上通常只是原理讲授，较少实践，因为缺乏必要的工艺条件和课时量。

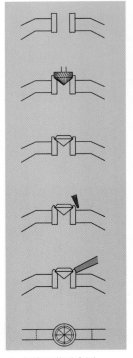

▲ 包镶工艺示意图

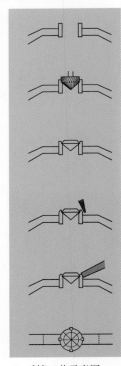

▲ 爪镶工艺示意图

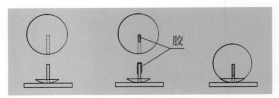

▲ 针镶工艺示意图

包镶工艺示范：戒指

包镶工艺是用金属边把宝石的腰部以下封闭在金属镶口之内，也就是利用坚固的金属卡住宝石、防止宝石脱落。这是一种传统的最牢固的镶嵌方式，它能够大面积地展现了宝石的亮光，而宝石的光彩较为内敛，有平和端庄的气质。

包镶一般适用于透明素面宝石、不透明素面宝石、透明与不透明刻面宝石等，涵盖面比较大。其具体做法是用金属沿着宝石的周边包围嵌紧，故名包镶，根据是否使用包边又可以把包镶分为有边包镶和无边包镶两种，有边包镶宝石周围有金属边包裹，这种包镶十分常见，无边包镶就是包裹宝石的并非环状金属，而是片状的金属，主要用于小颗粒宝石或副石的镶嵌。另外，根据金属边包裹宝石的范围大小，又可分为全包镶、半包镶和齿包镶，其中齿包镶为马眼形宝石的镶嵌方法，只包裹住宝石的顶角，又称包角镶。采用包镶工艺来镶嵌宝石比较牢固，适合于颗粒较大、价格昂贵、色彩鲜艳的宝玉石镶嵌，比如大颗粒的钻石、素面形或马鞍形的翡翠等玉石戒面，都适合采用包镶工艺，但它也有短处，就是由于有金属边的包裹，透射入宝石内的光线相对要少，而且宝石的暴露面积也有所减少，因此不适于透明度高、火彩突出，以及体积较小的宝石。

由于包镶工艺的使用率极高，我们在设计制作宝石镶嵌首饰作品时，首先要解决的镶嵌工艺就是包镶。下面的镶嵌绿松石戒指制作图可见包镶工艺的基本原理和流程。

▲ 包镶绿松石戒指

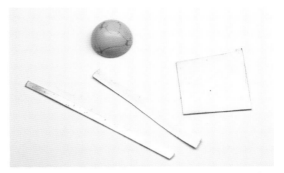

1 首先是选材，现在，我们手头有一颗绿松石需要包镶，做成一枚戒指，那么，我们需要准备底托也就是镶口所用的银片，以及用做包边的银条。镶口银片的厚度一般小于 1 毫米，面积大于宝石与包边的面积之合。包边的厚度一般小于 0.4 毫米，其厚度与宝石的体积成正比，包边的高度相对明确，只要高于宝石的腰部 1~2 毫米即可。戒圈所用银片稍厚，1.5 毫米左右，从而保证一定的硬度。

2 把银包边紧贴绿松石的腰部弯曲，而成圆形，包边与绿松石之间的最好不见缝隙，这样可以保证镶嵌的稳固性与贴合度。如果由于金属发硬而致使包边不能紧贴绿松石，可以给包边高温退火，退火后的银边重新变软，可以继续围边，直至紧密贴合宝石。此外，用焊接法焊好戒圈，备用。

3 使用高温焊料把银包边焊接到早已备好的银片上，这道工序较为重要，因为它是镶嵌绿松石的唯一依托。焊接时注意把焊料放在包边的外围，这样可使镶口的内部保持平整洁净，便于后面步骤的操作。

4 焊接好包边之后，可以用锯子依照包边的外围去掉多余的金属。

5 包边在与银戒圈焊接之前，应该用锉子修边，使包边外围与底托银片融为一体，不可见焊缝。使用锉子修边之后，还可用砂纸打磨，进一步加强镶口的平整度，以便执行下一步的操作。这样，绿松石的镶口就基本完成了。

6 完成镶口的制作后，需要把镶口与戒圈焊接在一起。同样，焊接之前，戒圈也要处理得平整光滑，因为，戒圈与镶口形成的夹角或缝隙比较狭窄，无法对其进行正常的打磨，从而留下打磨的盲区，影响作品的最终效果。所以焊接前一定要把打磨工作做到位。

7 戒圈完成焊接后，把绿松石放进镶口中，试一试松紧度。切记，如果绿松石不能轻松地放置到镶口中，切不可强行推入，否则，一旦推入后取不出来，就会导致后续步骤无法进行。

8 按照宝石入位的松紧结果来处理镶口的内部，用菠萝针可去掉多余的金属以及修整包边，直到绿松石可以轻松地放进镶口中。

9 把绿松石放进镶口中，用平錾子呈45°轻推银包边，使包边贴合绿松石，直到绿松石被银边紧紧地包住，没有任何晃动为止。镶嵌时用力应该均匀，切不可急于求成。绿松石被固定后，再用砂纸轻轻打磨金属部分，最后用布轮对作品进行打蜡抛光，完成作品的制作。

在掌握基本的包镶工艺之后，我们可以进一步在镶边的装饰效果上做文章，这样，不但可以提升包镶工艺的艺术魅力，还可以大大加强包镶工艺的灵活性。下图可见镶边的不同的处理方式，设计师可以根据这些镶边设计的不同样式，拓展思路，进一步开发富有个性的包边设计风格。

连续纹样，是以一个单位重复排列形成的无限循环、连续不断的图案，一般有二方连续纹样和四方连续纹样两种形式。在传统连续纹样方面，东西方的装饰艺术都给我们留下了不计其数的纹样典范，这是一座艺术的宝库，我们可以从中获得许多样式，从而应用于包镶工艺的镶边设计中来。

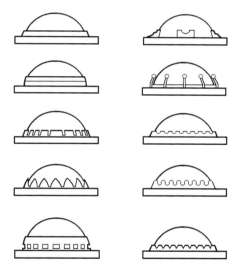

▲ 多种多样的包边样式

▲ 不同的连续纹样给包边样式设计带来启发

▲ 爪镶翡翠吊坠（孙常凯演示）

爪镶工艺示范：吊坠

    爪镶又称齿镶，意为用牙齿咬住宝石的镶嵌法，而"爪镶"则意为用爪子抓牢宝石，道理是一样的。其具体做法是用坚硬的金属丝做成爪或齿，往宝石方向收紧，从而扣住宝石。根据金属齿或爪的曲直可分"爪镶"和"直齿镶"。"爪镶"是较为常用的镶嵌方法，金属丝往宝石方向弯下而扣牢宝石，金属丝与宝石之间没有缝隙，才算扣牢。注意，不可反复弯曲金属丝，因为金属丝容易折断，造成工艺失败。爪镶主要用于弧面形、方形、梯形、随意形宝石和玉石的镶嵌。"直齿镶"是比较时尚的镶嵌法，顾名思义，金属丝在镶嵌宝石时，并不向宝石方向弯曲，而是用铣刀在金属丝的内侧铣出一个凹槽，其形状和大小根据宝石的腰部来决定，如果形状和大小恰好合适，金属丝向内收紧时，宝石就会被牢牢卡住。这种直齿镶主要用于圆形、椭圆形等刻面宝石的镶嵌，根据金属爪的数量不同，爪镶可分为二爪镶、三爪镶、四爪镶、多爪镶等，最常见的是四爪镶；另外，根据金属爪的形状不同，又可分为圆爪镶、方爪镶、V 形爪镶等。爪镶工艺的特点是能够最大限度地突出宝石的体积，让光线较多地透入宝石，增加宝石的火彩，比较适合于透明宝石的镶嵌，比如钻石、水晶、红宝石、蓝宝石、托帕石、尖晶石、碧玺、祖母绿、橄榄石、石榴石，等等。

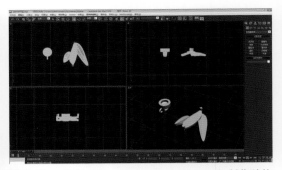

1 使用 3D 软件（如 Jewelry CAD、3D Max）制作首饰模型电子文件，可以生成非常细腻的造型，并且，成品的形体会十分规范。

2 依据首饰模型电子文件，经喷蜡工艺制作而成的蜡模，再把蜡模铸造成 18K 铸件实物。

3 铸造出来的 18K 铸件需经过锉子和砂纸的精修，使铸件的表面光洁平滑。

4 在竹叶形铸件的顶端焊接一个内径为 3 毫米的 18K 金环，通过这个金环把另一个铸件串在一起。

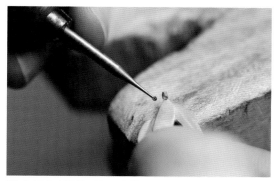

5 使用小球针分别在两个镶爪的内侧掏一个小坑，以便竹叶形翡翠的两端能够塞进小坑中。

6 用较细的砂纸片（1000 目以上）打磨镶爪的外侧，使镶爪的外侧圆润，便于镶爪向内弯曲。

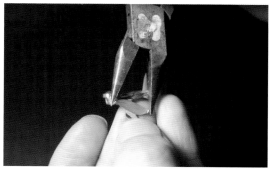

7 把竹叶形翡翠放到相应的 18K 铸件的托片上，翡翠的两个尖端分别被铸件镶爪的小坑卡住，用钳子轻轻夹紧镶爪，使镶爪牢牢卡住翡翠。

8 把红宝石镶进圆形石碗中，压实包边。再用毡布轮、棉轮等抛光工具给饰件进行抛光，完成爪镶工艺制作。

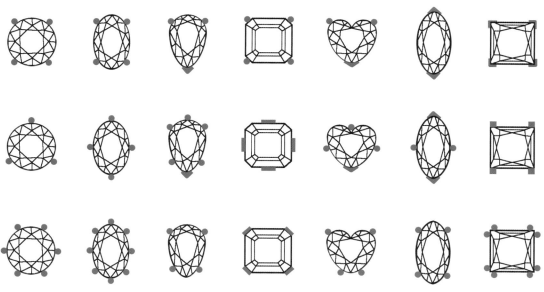

▲ 常见镶爪位置示意图

针镶工艺示范：胸针

针镶工艺主要用于珍珠的镶嵌，具体做法是在一个碟形的金属石碗中间，垂直焊接一个细细的金属插针，将金属针涂抹胶水并插入珍珠底端的小孔中，从而粘住珍珠。针镶又称插镶，它对珍珠几乎无任何遮挡，珍珠的美丽暴露无遗。

▲ 异形珍珠胸针（高洁演示）

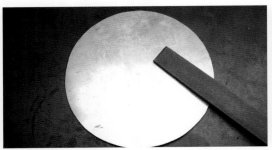

1 剪裁一块厚度为 1 毫米，直径为 7 厘米的银片，表面打磨平整，用于制作胸针的主体部分。

2 运用立体锻造工艺将圆银片敲成半球体，也就是一个小碗。之后，用锉子尽可能地锉去锤痕，使小碗的外表平整光滑。

3 在小碗的底部焊接一个圆环，再在圆环上分别焊接双别针的锁头和扣头。

4 在小碗的内壁焊接一小块银片，再在底部焊接四根银丝，其直径应比两颗异形珍珠底部的孔洞直径略小。尝试把珍珠安放在银丝上，检查银丝是否可以顺利插进珍珠的孔洞中。

5 用深褐色 PVC 材料制作一块菊石装饰片，这块装饰片的凹槽中可以安放异形珍珠。

6 四根银丝穿过 PVC 装饰片，在银丝顶端涂抹 AB 胶，趁胶未干之际，迅速把珍珠装上，此时，不可移动珍珠，待 24 小时之后，AB 胶完全干透，针镶才告完成。

5.2.6　镶嵌法的探索

前面介绍的诸多镶嵌工艺通常都有固定的、有章可循的工艺流程和特点，还有一种镶嵌法是无章可循的，就是所谓"个性镶嵌工艺"。相对于常规镶嵌方式而言，个性化镶嵌工艺没有固定形制，它由具体的设计方案来决定，设计师可以根据被镶嵌物的形状和特点来度身定制相应的镶嵌法，自由发挥想象力，具有强烈的个性化趋势。

▲ 捆绑镶嵌珍珠胸针（谢雯欢演示）

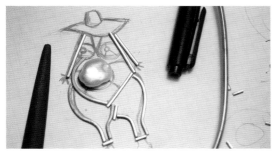

1 根据事先画好的设计图，裁剪合适的方形银丝备用。银丝为 3 毫米见方的 925 银丝。

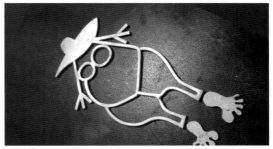

2 小心地把各段银丝焊接在一起，获得了胸针的基本造型。用锉子锉掉多余的焊药和银丝。

3 再用相同粗细的方形 925 银丝做好珍珠"镶口"部分的造型，完成胸针所有结构部分的制作。用锉子锉掉多余的焊药和银丝。

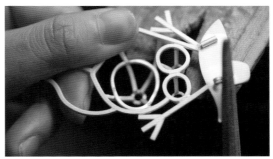

4 在胸针的背面焊接好别针的锁头和扣头，并用锉子修整。

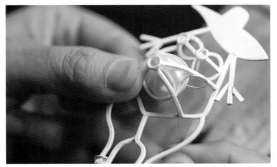

5 把珍珠放入"镶口"中，用一根直径 0.3 毫米的 925 银丝穿过珍珠中部的孔洞，再把银丝缠绕在"镶口"的框架上，珍珠就被固定住了。

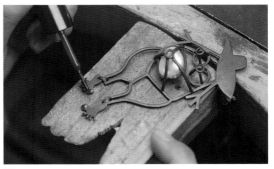

6 把胸针放入白银做旧液中进行氧化处理，数分钟后，白银呈现黑色，再用细笔刷在人物造型的脚趾处涂抹红色指甲油，完成胸针的制作。

艺廊 Gallery／宝石镶嵌首饰作品

<table>
<tr><td>1</td><td>2</td></tr>
<tr><td colspan="2">3</td></tr>
</table>

1. 戒指，胡俊，钛、925 银、石榴石。
2. 戒指，菲利普·萨耶特（Philip Sajet），18K 金、红宝石、铁、珐琅。
3. 胸针，《夜光 -2》，倪献鸥，银、18K 金、黄晶、碧玺、海蓝宝石。

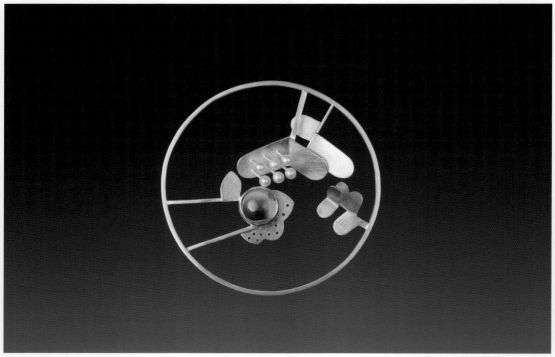

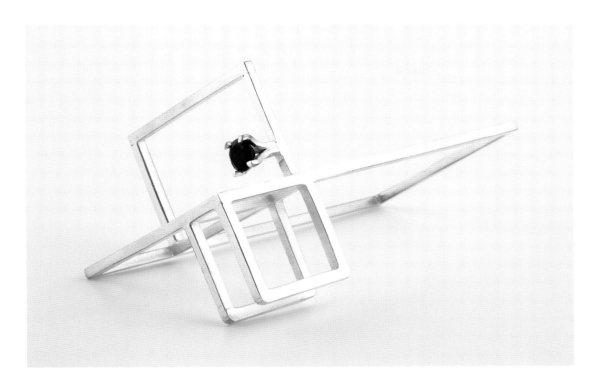

1
—————
2 | 3

1. 戒指，《新城》，葛丽特·芭拉克（Galit Barak），银、玛瑙。
2. 胸针，安德拉·库贝克（Andrew Kuebeck），紫铜、925 银、琥珀、照片、树脂。
3. 戒指，佚名，925 银、木材、颜料。

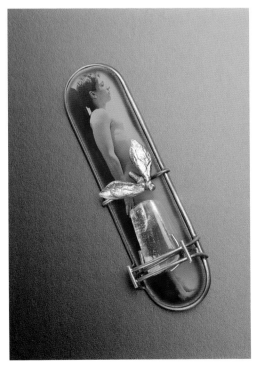

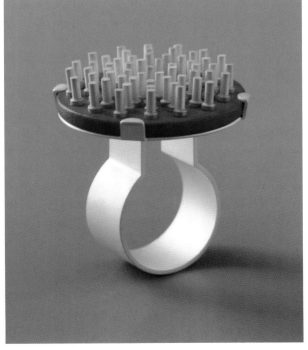

1 | 2
———
3

1. 戒指，菲利普·萨耶特，18K 金、银、水晶、玻璃珠。
2. 胸针，邵琦，黄铜、色子、925 银。
3. 胸针，胡俊，925 银、漆、托帕石、橄榄石、紫晶。

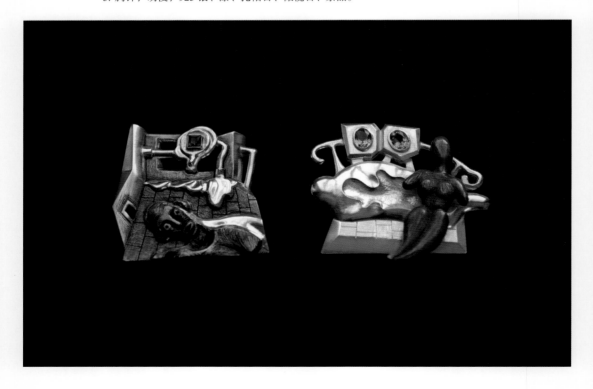

5.3 珐琅首饰

什么是珐琅？珐琅是指覆盖于金属制品表面的一种玻璃质材料，又称搪瓷，由石英、长石、硝石和碳酸钠等加上铅和锡的氧化物烧制而成。珐琅涂在铜质或银质器物上，经过烧制，能形成不同颜色的釉质表面。按我国的传统，附着在陶或瓷胎上的玻璃质称为釉，而用于瓦片等建材上者称为琉璃，涂饰在金属器物外表的则称为珐琅釉。玻璃、瓷釉、琉璃和珐琅原料大同小异，主要的成分都是硅酸盐类。珐琅在我国南方俗称"烧青"，在北方俗称"烧蓝"，在日本叫作"七宝烧"。

珐琅的色彩非常绚丽，具有宝石般的光泽和质感，耐腐蚀、耐磨损、耐高温、防水防潮，十分坚硬，不老化不变质，历经千百年而不退色、不失光。

珐琅工艺一般分为四种：画珐琅、内填珐琅、掐丝珐琅和透光珐琅。画珐琅是指先在金属胎上涂施白色珐琅釉，入窑烧结后，再在平整的表面使用各色珐琅釉料绘制图案，再经焙烧而成。画珐琅富有绘画趣味，故名；掐丝珐琅是指在制胎时需要掐出花丝，然后将珐琅釉料点填于花丝之中再烧制而成的工艺；内填珐琅则是指制胎时无须掐丝，直接在金属胎上点填珐琅然后烧制的工艺；透光珐琅是指把珐琅烧结在镂空的纹样中的工艺，使用这种工艺烧结而成的珐琅呈现透明的特质，其效果就像彩色玻璃窗一样，绚丽多姿。

什么是珐琅首饰呢？顾名思义，就是指使用珐琅工艺制作而成的首饰。事实上，珐琅工艺自古以来就与首饰制作密不可分，从古代埃及，到中世纪的文艺复兴，再到装饰艺术运动，都能见到大量精美绝伦的珐琅首饰艺术品。

进入 21 世纪，当代首饰艺术的勃兴极大地丰富了珐琅在首饰设计与制作中的表现手段，艺术家对珐琅的运用显得极其大胆而活泼，基本上是无拘无束，没有固定章法。除了传统的珐琅工艺，首饰艺术家们通过不断地实验，发明了诸多珐琅烧制新工艺，为新世纪的首饰艺术带来令人耳目一新的视觉画面，可以说，新时期的珐琅首饰的制作，是一种全新的手工体验。例如，把珐琅料直接撒在金属面上，烧制后形成斑驳的表面肌理；还有，在烧结后的珐琅表面进行喷砂处理，形成磨砂表面效果，然后用铅笔在磨砂的表面描绘线条，再次烧结，形成素描画，等等。

珐琅在当代首饰中的运用，大体分为整体使用和局部使用两种，所谓整体使用，就是在首饰的表面整体涂施珐琅，然后整体烧制；而局部使用是指先在金属件上涂施珐琅，烧结后再将该珐琅饰件拼装到首饰中去。

5.3.1 工具与设备

珐琅首饰的体量一般较小，所以烧制所需的工具、设备以及工作环境也相应地比较简单。如果是个人首饰工作室，一间十平方米的工作室就能够满足珐琅制作的需要了。在这个工作区域里，需要有储藏珐琅彩的空间，比如橱柜、吊柜等，然后是填涂珐琅彩的工作桌，配置镊子、盘子、锉子、吸管、毛笔、吊机、研磨钵等工具；此外，还需要有焊接设备，如火枪、耐火砖等；珐琅的焙烧设备主要有厢式电炉，炉腔的空间尺寸为30 厘米 ×30 厘米 ×25 厘米即可，如果需要烧制稍大的珐琅饰件，炉腔的空间尺寸为50厘米 ×40 厘米 ×40 厘米，电炉的最高温度一般在 1000℃左右，完全能满足珐琅烧制的需要。除了上述工具设备之外，还需要准备长筒皮质手套、护目镜、围裙等劳保用品，以保证操作时的安全。

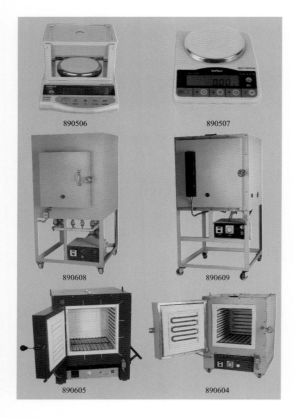

890506 890507

890608 890609

890605 890604

5.3.2　认识釉料

我们这里讲的釉料主要指用于烧制珐琅首饰的釉料，也就是珐琅釉料，简称珐琅。珐琅是天然形成的矿物质，主要原料是石英、长石、瓷土等，它以纯碱、硼砂为熔剂，用氧化钛、氧化锑、氟化物作为乳化剂，所有这些原料化合后再经过烧熔而获得的不透明或半透明的、有独特光泽的物质，就是珐琅釉料，在珐琅釉料之中加入不同的金属氧化物，烧制后珐琅就会呈现不同的颜色，这就是人们常说的珐琅彩。

珐琅釉料里面含有金属，个别颜色的釉料还添加有金、银成分。经过 800 ～ 900℃的高温焙烧，珐琅釉料会融化成稠状的液体，冷却后经过粉碎和研磨，就变成了珐琅颗粒或粉末。在珐琅首饰制作中的点蓝工艺阶段，要将粉状的珐琅釉料，放入适量的水调和，并且加入不同的色粉和溶剂，从而调制出不

同颜色的釉料，然后用吸管等专业用具将釉料填充到一定的区域，再进行焙烧。

由于珐琅釉料烧结时，水分等物质会蒸发，因此烧结后的体量会比烧结前的体量有所减小，所以点蓝烧蓝的工序要经过多次重复，才能达到要求。

珐琅釉料的颜色非常丰富，可以说应有尽有，主要分为红色、黄色、蓝色、绿色、灰色、黑色、白色等色系，各色系中又有进一步的区分，具体的色彩如下：

● 红色系：百花红、桃红、本粉红、无铅本粉、金红、珊瑚红、橘红、枣红、铜大红、亮粉红、银橘红、深粉、浅粉、银珊瑚、酒红。

● 黄色系：仿明黄、橘黄、铜大黄、1 号大黄、无铅大黄、硬银黄、深松黄、中松黄、浅松黄、浅淡黄、米黄、银橘黄、银黄、洋黄、银大黄、柿子黄。

● 蓝色系：铜大蓝、无铅大蓝、黑蓝、海尼蓝、硬银蓝、孔雀蓝、宝亮蓝、百花蓝、天蓝、无铅天蓝、亮海蓝、银瓷蓝、银大蓝、银二蓝、瓷二蓝、深银白、中银白、浅银白、银月白、涅白。

● 绿色系：宝墨绿、黑绿、兰地绿、墨绿、黑墨绿、硬银绿、草绿、仿明地绿、大绿、玉绿、老地绿、亮绿、豆绿、浅淡绿、硬地绿、军绿、新地绿、软地绿、翠绿、湖绿、浅黄绿、深黄绿、深绿、深中绿、中绿、松绿、鲜绿、孔雀绿、中黄绿。

● 紫色系：玫瑰紫、百花紫、大紫、无铅大紫、银紫、银玫瑰紫。

● 灰色系：深灰、中灰、浅灰、无铅深灰、无铅中灰、无铅浅灰。

● 丹青系：刁漆丹青、仿明丹青、一号丹青、三号丹青、四号丹青。

● 黑色系：无铅黑、大黑、亚黑、洋黑。

● 白色系：瓷白、花白、地子白、无铅瓷白、牙白、亮白、无铅花白、银亮白、磁花白。

● 其他系：兰金星、金星料、仿金星、绿金星、雪青、藕荷、咖啡、无铅咖啡、棕色、深棕色、驼色、里子粉。

现在市场上能够买到的釉料有 100 多种颜色，如此多样的色彩，完全能够满足珐琅首饰烧制的需要了。除了这些色彩比较厚重的釉料，在金、银胎质上使用的釉料还有所谓"银蓝"，相对而言，银蓝的透明度要高得多，这种透明度较高的釉料烧结后，在贵金属胎体固有色的衬托下，显得更为鲜艳夺目。

5.3.3　珐琅的烧造流程

以景泰蓝为例，传统珐琅装饰件的烧造流程较为严格和规范，一般有制胎、掐丝、点蓝、烧蓝、磨光和镀金等工序。本书介绍的珐琅烧造流程较为简单，形式相对更为自由，目的在于告诫珐琅工艺的研习者，艺术创造不可囿于常规，而应充分发挥自身的创造力和想象力，探索现代珐琅烧造工艺，并以此来服务于现代首饰设计与制作。

珐琅的烧造流程：铜胎

▲　铜胎珐琅装饰片

1 准备一块长 6.5 厘米、宽 6 厘米、厚度为 1 毫米的紫铜片，用橡胶锤敲平铜片，用锉子修整铜片的四边，并把四个角锉成圆弧状。

▲　部分釉料的色彩

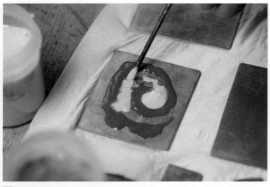

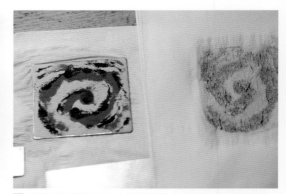

2 酸洗紫铜片，再用去污粉洗净。用小勺舀起珐琅料，尽量均匀地把珐琅平涂在紫铜片上。平涂的手法较为自由，色彩与图案根据作者的喜好而定。

3 用吸水性较强的纸巾轻轻覆盖在珐琅料上，吸去珐琅料中的水分。检查珐琅料的涂抹是否平整，如果不平整，需添加珐琅料，直至珐琅涂层的表面较为平整。

4 把涂好珐琅的紫铜片置于焙烧架上，并放入电炉中焙烧，当温度达到800℃，即可打开炉门。此时可以看到，珐琅料因熔化而泛出亮光，迅速取出珐琅饰件。

5 从电炉中取出珐琅饰件后，可见珐琅熔化后的颜色与熔化前的颜色有一定差异，此时，应该让饰件继续停留在焙烧架上，等候饰件自然冷却。

6 在冷却的过程中，珐琅逐渐接近熔化前的色彩，完全冷却后的饰件，其珐琅的颜色不再发生变化。事实上，焙烧之后的珐琅色与焙烧前的色彩还是有一定差异的。

珐琅的烧造流程：银胎

　　相对铜胎珐琅装饰片的烧造，运用在银胎珐琅装饰片上的珐琅多为透明度较高的珐琅料，其珐琅料的覆盖性较低，颜色的饱和度较高，这样的话，有利于透露贵金属胎的底色。首饰制作中，贵金属的使用较为普遍，所以银胎珐琅的烧造是必须掌握的一种工艺。初学者需要不断地实验，细心体会各种银胎珐琅料的成色特点，方可进入银胎珐琅烧造的妙境。

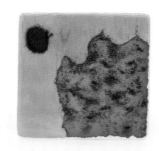

▲　银胎珐琅装饰片

1 准备一块长 4.5 厘米、宽 4.5 厘米、厚度为 1 毫米的纯银片，用橡胶锤敲平银片，用锉子修整银片的四边，并把四个角锉成圆弧状。

2 由于银蓝（银胎珐琅料）具有透明度较高的特性，所以，在银片上预先制作一定的肌理装饰，焙烧之后，可以透过银蓝隐约见到这些肌理，使饰片更美。

3 酸洗银片，再用去污粉洗净。用小勺舀起银胎珐琅料，尽量均匀地平涂在银片上。平涂的手法较为自由，色彩与图案根据作者的喜好而定。

4 用吸水性较强的纸巾轻轻覆盖在珐琅料上，吸去珐琅料中的水分。检查珐琅料的涂抹是否平整，如果不平整，需添加珐琅料，直至珐琅涂层的表面较为平整。

5 把涂好珐琅的银片搁在焙烧架上，并放入电炉中焙烧，当温度达到 780℃，即可打开炉门。此时可以看到，珐琅料因熔化而泛出亮光，迅速取出饰件。

6 饰件冷却后，可见银蓝焙烧后的颜色与焙烧前的色彩略有差异，透明度较为明显，银胎的底色较为清晰。

5.3.4 珐琅烧造技巧

用毛笔涂绘珐琅，可以使珐琅彩的笔触更为流畅、装饰效果更为奔放洒脱。请注意，这种技巧要求使用樟脑油或煤油（而非清水）来调和珐琅。油具有一定的黏性，可以使珐琅依附于毛笔尖，从而使得涂绘成为可能。此外，如果想获得较为细致的线条，珐琅料的研磨至为关键，一般来说，珐琅料的颗粒越细，描绘出来的线条就越细，如果珐琅料能研磨到800目以上，就可以满足精细地画珐琅的需要了。而如果仅仅是使用毛笔涂绘珐琅，则500目就足够了。

珐琅烧造技巧：涂绘

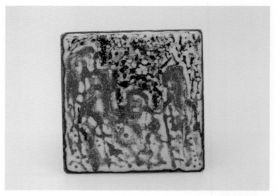

▲ 珐琅涂绘装饰片

1 准备一块长6厘米、宽5.5厘米、厚度为1毫米的紫铜片，用橡胶锤敲平铜片，用锉子修整铜片的四边，并把四个角锉成圆弧状。

2 酸洗紫铜片，再用去污粉洗净。用小勺舀起磁花白珐琅料，尽量均匀地把珐琅平涂在紫铜片上。这是一个制作白色底子的步骤。

3 把涂好珐琅的紫铜片置于焙烧架上，并放入电炉中焙烧，当温度达到800℃，即可打开炉门。此时可以看到，珐琅料因熔化而泛出亮光，迅速取出饰件。

4 把珐琅料与樟脑油调和在一起，待饰件冷却后，使用毛笔在白底上自由涂绘珐琅。

5 将涂绘好的紫铜片置于焙烧架上，放入电炉中焙烧，当温度达到800℃，即可打开炉门。此时可以看到，珐琅料因熔化而泛出亮光，迅速取出饰件。

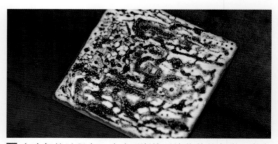

6 在冷却的过程中，珐琅逐渐接近熔化前的色彩，完全冷却后的饰件，珐琅颜色不再发生变化。

珐琅烧造技巧：掐丝

掐丝珐琅烧造的工序相对较为复杂，耗时也相对较长，需要制作者投入更多的精力。不过，从最终效果来看，掐丝珐琅能够获得清晰的色彩分界线，十分有利于色块的自由布局以及形体的穿插设计。

▲ 掐丝珐琅装饰片

1 准备一块长 6.5 厘米、宽 6.5 厘米、厚度为 1 毫米的紫铜片，用橡胶锤敲平铜片，用锉子修整铜片的四边，并把四个角锉成圆弧状。

2 用圆嘴钳和镊子，把扁平状的铜丝掐成所需的形状。酸洗紫铜片，再用去污粉洗净，然后用 502 胶或白芨胶将铜丝粘在铜片上。

3 用小勺舀起珐琅料，尽量均匀地平涂在紫铜片上，直到整块铜片都被涂满珐琅，再用纸巾覆盖表面，吸掉珐琅中的水分。

4 把涂好珐琅的紫铜片置于焙烧架上，放入电炉中焙烧，当温度达到 800℃，即可打开炉门。此时可以看到，珐琅料因熔化而泛出亮光，迅速取出饰件。

5 焙烧之后，珐琅会收缩，所以，需要再次在完成第一次焙烧之后的珐琅上继续填涂珐琅，直到填涂的珐琅的高度与丝线的高度一致。

6 再次焙烧，检查珐琅的高度是否与丝线的高度一致，如果没有，则需再次填涂和焙烧。之后，可用粗细不等的油石磨平饰件的表面，最后是抛光。

珐琅烧造技巧：素描

在珐琅片上用铅笔绘制素描，能够给作者带来很大的创作自由，因为，相对来说，铅笔是一种极易操控的绘画工具。在彩色的世界中，掺入黑白的素描画，这给画面带来了更为丰富的艺术表现力和审美趣味。

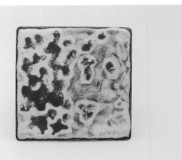

▲ 素描珐琅装饰片

1 准备一块长6厘米、宽5.5厘米、厚度为1毫米的紫铜片，用橡胶锤敲平铜片，用锉子修整铜片的四边，并把四个角锉成圆弧状。

2 酸洗紫铜片，再用去污粉洗净。用小勺舀起磁花白珐琅料，尽量均匀地平涂在紫铜片上。这是一个制作白色底子的步骤。

3 焙烧之后，形成白色底子，如果白色底子的表面不够平整，可以在低凹处添加珐琅，再次焙烧。

4 在白底上涂抹珊瑚红珐琅，注意画面的疏密关系的处理。用纸巾吸走珐琅的水分，入炉焙烧。

5 用粗砂纸（320目）打磨珐琅层的表面，使珐琅层的表面较为粗糙，便于使用铅笔来绘制素描。

6 使用6B铅笔绘制素描，再次入炉焙烧，焙烧的温度控制在770℃左右，如果焙烧的温度过高，铅笔的线条就会消失殆尽。

珐琅烧造技巧：撒珐琅

　　撒珐琅工艺适用于异形的金属件，因为，异形金属件的结构相对比较复杂，珐琅能够依附的表面也相对比较狭窄，如果使用小勺或毛笔来涂绘珐琅的话，十分费力和耗时。如果使用筛子或者直接用手指把干燥的珐琅料撒在金属件的表面，不但省时省力，还能获得许多意想不到的装饰效果。

▲　撒珐琅装饰件

1 准备一块长 4 厘米、宽 4 厘米、厚度为 1 毫米的紫铜片，用橡胶锤敲平铜片，用记号笔在铜片上画出纹样线条，注意纹样的疏密布局。

2 先在铜片上钻孔，把锯丝穿过小孔，锯丝固定在锯弓上，然后细心地锯出线条，注意不要闭合线条，否则，就会形成空洞。

3 从铜片的背面把镂刻的纹样顶起来，使平面的紫铜片形成立体的造型。将金属件放入酸液中，之后再用去污粉清洗干净。

4 用筛子或者手指直接把干燥的珐琅料尽量均匀地撒在金属件的表面，入炉焙烧。

5 当温度达到 800℃，即可打开炉门。此时可以看到，珐琅料因熔化而泛出亮光，迅速取出金属件。

6 如果珐琅层的厚度不够，可再次撒珐琅，再次焙烧。撒珐琅工艺制作出来的饰件往往会有许多偶然的画面效果，只要大胆尝试，惊喜一定会不断出现。

5.3.5　珐琅首饰组装

　　由于大部分的珐琅饰件经烧制后，如果再次经受高温烧灼的话，其颜色效果可能会改变，甚至珐琅饰件的整体效果都会被破坏，所以，珐琅饰件通常使用冷连接的方法来进行组装。冷连接无须高温加热就能实现，故而不会对珐琅饰件造成任何破坏。冷连接包括镶嵌、铆接、捆绑、胶粘等方式，这里介绍镶嵌的方式。

▲ 包镶珐琅饰片胸针

1 准备四块大小不等的、厚度为1毫米的紫铜片，用橡胶锤敲平铜片，并在紫铜片上填涂各色珐琅釉料。

2 填好釉料后，用纸巾吸干釉料中的水分，检查釉料是否填涂平整。

3 把涂好珐琅的紫铜片置于焙烧架上，放入电炉中焙烧，当温度达到800℃，即可打开炉门。此时可以看到，珐琅料因熔化而泛出亮光，迅速取出饰件。

4 从电炉中取出珐琅饰件后，等候饰件自然冷却。

5 根据珐琅饰片的大小来准备包镶用的底托和包边，并准备一段方形925银丝以及制作双别针的材料。

6 把四块珐琅饰片的包边与底托都焊接完毕。

7 把珐琅饰片分别放入相应的镶口中，检查镶口的大小是否合适。注意，当镶口略小于饰片时，不要强行将饰片置于镶口中，这样会造成饰片无法取出的后果。

8 依照包边的轮廓，用剪子剪掉多余的银片，并用锉子把包边的外围锉平。

9 用方形 925 银丝制作一个框架，把框架焊接到镶口的背面。

10 再把双别针的锁头和扣头分别焊接在框架的右边和左边。

11 把珐琅饰片放入相应的镶口中，用平头錾子推压包边，使包边逐渐包裹住珐琅饰片。推压时注意力度不可过大，以防意外损坏珐琅饰片。

12 经过推压的包边出现了褶皱，可用锉子修整包边，使包边平整。再用砂纸打磨、布轮抛光，完成珐琅饰件胸针的组装。

5.3.6 关于"软珐琅"

软珐琅是指一种液态环氧树脂与色膏调配在一起的混合色料，使用这种混合色料来上色，之后进行低温烘烤，通常温度介于40～100℃，烘烤后色料就可凝结，之后再把软珐琅装饰件进行打磨、抛光和镀金。

软珐琅在现代工业产品设计领域的使用已经十分普遍，它的特点在于成本低、易加工、重量轻、适宜于批量生产。

软珐琅的制作过程简述如下：

①输出菲林片：使用电脑绘图软件，绘制矢量图，然后输出菲林片，单色即可。切记，菲林片中无须感光的部分（也就是需要腐蚀的部分）标记为白色。

②涂抹耐腐蚀感光胶：使用丝网印的工艺将耐腐蚀感光胶均匀地涂抹到金属片上，形成感光胶涂层。

③图案曝光：菲林片与涂有感光胶的金属片叠在一起，放入曝光机，用曝光机把菲林片的图案曝光到涂有感光胶涂层的金属片上。菲林片中的黑色纹样部分形成了曝光保护，其覆盖的感光胶涂层部分则不会被曝光，而菲林片中的空白部分无法阻挡光线的通过，其覆盖的感光胶涂层部分则被曝光。

④去除未感光涂层：使用火碱液去除金属片上的未感光涂层部分，已感光涂层部分因为不会被火碱液溶解，而留在了金属片上。

⑤腐蚀：把金属片浸泡在三氯化铁溶液中，有涂层覆盖的部分不会被腐蚀，而没有涂层的部分则会被腐蚀。

⑥上色：把颜料填入金属片经腐蚀而成的凹槽中，一般使用注射器来填入颜料，这样可以比较精确地控制填色的部位。颜料中需添加硬化剂或止流剂，便于颜料的硬化，以及防止颜料四处扩散。通常，平面类的软珐琅装饰件的颜料中无须添加止流剂，因为，它不牵涉颜料流失的问题，所以，颜料中只需添加硬化剂即可，颜料与硬化剂的比例为4：1。而弧面类的软珐琅装饰件的颜料中则必须添加止流

剂，以免颜料从高处流淌到低处，其颜料与止流剂、硬化剂的比例为5：4：1。

⑦烘烤：使用电热风烤箱把颜料烘干，温度控制在100℃左右，时间约为2个小时。

⑧打磨和抛光：颜色固化后，使用砂轮机或砂带机等设备与工具，对金属片进行打磨，至其表面完全平整，然后用抛光工具进行抛光。

⑨镀金：为防止氧化，可以给软珐琅金属片镀金。

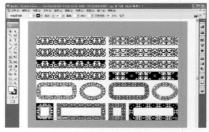

▲ 矢量图制作软件操作界面

▲ 可用于腐蚀的不同材质的金属片

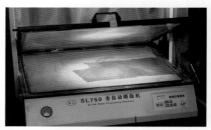

▲ 用于图案曝光的晒版机

▲ 用于烘烤软珐琅的电热风烤箱

软珐琅制作工艺流程：平面类

　　平面软珐琅的制作相对较为简单，因为，颜料只需平涂就行，颜料始终处于一个平面上，不会四处逃逸，因此颜料中无须添加止流剂，从而无形中减少了操作程序。另外，它也不牵涉器物成形的问题，也就省去了塑形这个步骤。

▲　软珐琅画制作（蒋伟昭演示）

1 用电脑绘图软件（如 Illustrator）绘制矢量图，然后输出为单色（黑白）菲林片。菲林片中透明的部分与需要腐蚀的部分对应。

2 把菲林片与涂有耐腐蚀感光胶的黄铜片叠置在一起，经晒版机曝光，用火碱洗去未感光的涂层，然后用三氯化铁溶液腐蚀黄铜片。

3 当腐蚀的深度符合需要时（一般不少于 0.4 毫米），取出黄铜片，用焊炬烧掉黄铜片表面的涂层，然后把黄铜片放入酸液中，清洗干净。

4 在颜料中添加硬化剂，颜料与硬化剂的比例为 4：1，搅拌均匀后倒入注射器中，再通过针管将颜料注入目标位置。颜料中不能有杂质，否则，针管会被堵住。

5 把填好颜料的黄铜片平置于电热风烤箱中，温度调至 100℃，时间为 2 个小时。期间可以不时打开烤箱，检查软珐琅颜料是否干透。

6 颜料完全干燥后取出金属件，用锉子和砂纸磨平金属件，然后用布轮抛光机抛光。为防止金属氧化变色，可以给金属件镀金。

软珐琅制作工艺流程：弧面类

　　弧面类的软珐琅的制作较为复杂，因为，它牵涉塑形以及添加止流剂的问题，从而无形中增加了操作程序。首饰是三维立体的物件，在首饰制作中，弧面的形体十分常见，所以，如果想在首饰制作中运用软珐琅制作工艺，就必须掌握弧面类软珐琅的制作工艺流程。

▲ 软珐琅手镯

1 用电脑绘图软件（如 Illustrator）绘制矢量图，然后输出为单色（黑白）菲林片。菲林片中透明的部分与需要腐蚀的部分对应。

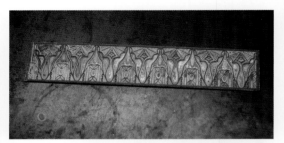

2 把菲林片与涂有耐腐蚀感光胶的紫铜片叠置在一起，经晒版机曝光，用火碱洗去未感光的涂层，然后用三氯化铁溶液腐蚀紫铜片。

3 当腐蚀的深度符合需要时（一般不少于 0.4 毫米），取出紫铜片，用焰炬烧净紫铜片表面的残留，再弯曲成手镯，用锉子修整，然后把黄铜片放入酸液中，清洗干净。

4 在颜料中添加止流剂和硬化剂，颜料与止流剂、硬化剂的比例为 5 : 4 : 1，充分搅拌均匀，去除颜料中的杂质，然后倒入注射器中。

5 把颜料小心地填入紫铜手镯的凹槽中，颜料中不能有杂质，否则，针管会被堵住。

6 填好第一遍颜色后，把紫铜手镯放入电热风烤箱中，温度调至 50℃，烘烤时间为半小时。

7 待第一遍的表面干燥后（以表面不黏手为准），取出手镯，重复步骤 4、5、6，继续填颜色。

8 把填好第二遍色的手镯放入烤箱，温度调至 50℃，烘烤时间为半小时。

9 待第二遍色的表面干燥后，取出手镯，重复步骤 4、5、6，继续填颜色。切记，每填完一遍色，手镯都需放入烤箱烘烤。

10 当所有的颜色都填涂完毕，把手镯放入烤箱，温度调至 100℃，时间为 2 个小时。待颜色完全干燥后，取出手镯。

11 用锉子和砂纸磨平手镯的表面，使颜色和紫铜金属件的表面完全处于一个平面，从而露出金属线条。

12 打磨平整后，用布轮抛光机抛光。为防止金属氧化变色，可以给金属件镀金。

艺廊 Gallery / 珐琅首饰作品

1. 胸针，《桑巴舞》，温蒂·麦克阿里斯特（Wendy McAllister），紫铜、珐琅。
2. 胸针，吉米·贝尼特（Jamie Bennett），紫铜、黄金、珐琅。
3. 胸针，格拉泽诺·维辛廷（Graziano Visintin），黄金、乌银、珐琅。

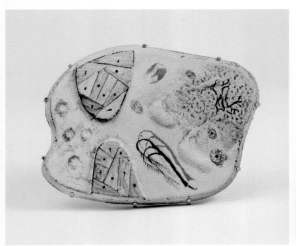

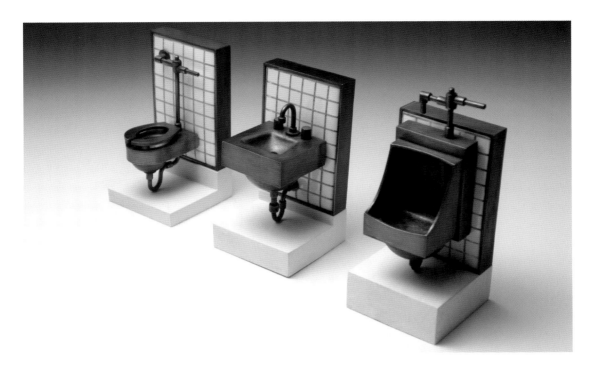

<table>
<tr><td>1</td></tr>
<tr><td>2</td><td>3</td></tr>
</table>

1. 小型摆件，《禁止交流》，曹毕飞，925 银、紫铜、黄铜、丙烯、枫木、珐琅。

2. 胸针，威廉·哈勃（William Harper），黄金、银、珐琅、水晶、红宝石。

3. 胸针，斯蒂芬妮·汤姆扎克（Stephanie Tomczak Selle），银、珐琅、紫铜、18K 金、金箔。

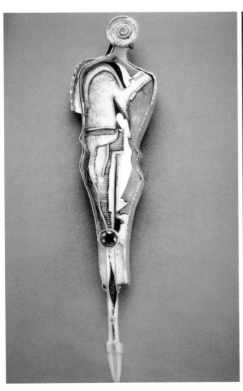

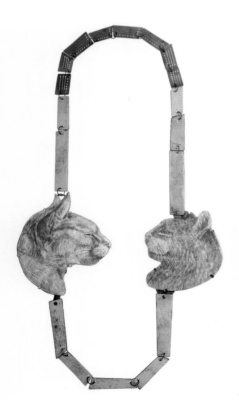

1. 手镯，凯特·卡西亚（Kate Cathey），紫铜、珐琅。

2. 项饰，《白马王子》，塔比娅·卢累克（Tabea Reulecke），珐琅、紫铜、银，摄影：曼内尔·马斯卡罗（Manuel Ocana Mascaro）。

3. 胸针，《落叶》，崔允祯，925 银、珐琅、电气石。

5.4　特殊的首饰制作工艺

在首饰制作的历史长河中，有许许多多特殊的加工工艺，犹如一颗颗的明珠，点缀于其中，使首饰文化的长河显得熠熠生辉。这些散发独特魅力的首饰加工工艺，是人类文化艺术创造过程中的智慧结晶。此外，首饰艺术在不断发展的过程中，新的材料不断地加入到首饰制作的大家庭里，新的加工技法也就应运而生，故而，首饰加工工艺是一个发展的、动态的概念。

所谓特殊的首饰制作工艺，是指那些具有独特材料、技法和审美情趣的加工工艺。符合这个要求的首饰制作工艺有很多，例如：木纹金工艺、花丝工艺、金属编织工艺、木材首饰制作工艺、漆首饰制作工艺、树脂首饰制作工艺、金属黏土制作工艺、珠粒工艺、乌银（Niello）工艺、点翠工艺、贴金（Keum-Boo）工艺、绞钢工艺，等等。这些工艺在传统以及现代的首饰制作工艺中扮演了极其重要的角色。

受篇幅所限，本书选择较为常见的、使用较多的几种工艺介绍给大家，这几种工艺包括：树脂首饰制作工艺、漆首饰制作工艺、木材首饰制作工艺、木纹金首饰制作工艺、花丝首饰制作工艺、编织首饰制作工艺。

5.4.1　树脂首饰制作

现代首饰设计由于多种材料的介入而显得五彩斑斓，这些材料中，树脂的应用是极为广泛的，尤其在中国现阶段的时尚首饰设计与制作中，树脂频频现身，大放异彩。所以，我们介绍现代首饰的材料的时候，树脂材料始终是绕不过去的。

我们这里讲的树脂是指经化学方法人工合成的树脂，它属于高分子聚合物，为黏稠液体或加热可软化的固体，受热时通常有熔融或软化的温度范围，在外力作用下可呈塑性流动状态，某些性质与天然树脂相似。合成树脂种类繁多，按主链结构有碳链、杂链和非碳链合成树脂；按合成反应特征有加聚型和缩聚型合成树脂。实际应用中，常按其热行为分为热塑性树脂和热固性树脂。其中，热塑性树脂有聚乙烯、聚丙烯、聚苯乙烯、聚氯乙烯等，热固性树脂有酚醛树脂和脲醛树脂、环氧树脂、氟树脂、不饱和聚酯和聚氨酯等。而我们经常用于首饰制作的是环氧树脂。

环氧树脂具有成形较快、操作简便、透明度高、可塑性强、价格低廉等特点，所以备受广大首饰设计制作者喜爱。环氧树脂尽管透明，但它还可以通过添加颜料的手段而改变色彩，这更是极大地拓展了设计师们的艺术表现的可能性，难怪许许多多的首饰设计师对树脂材料宠爱有加。

需要引起注意的是，树脂材料在固化过程中，由于催化剂和固化剂的化学作用，会产生气体，这种气体使人稍感不适。所以在制作树脂作品时，树脂尚未凝固前应把材料置于通风处，于通风良好的地方操作。

环氧树脂在大部分的化工商店都能买到，购买树脂时，应配套购买催化剂和固化剂。树脂常用的加工方法有两种，一为固化后打磨切削，二为模型浇铸。不管是哪一种加工方法，加工之前都要把树脂与一定量的催化剂和固化剂调配在一起，树脂才能实现固化。树脂与催化剂和固化剂的比例关系一般为：树脂100%、催化剂5%、固化剂5%。

透明状的、液态的树脂经过添加一定比例的催化剂和固化剂之后，会逐渐固化成型。催化剂和固化剂的比例一般为5%，完全固化时间一般为24小时，固化后树脂会呈现良好的透明状态。倘若想加快树脂的固化时间，可以适当增加催化剂和固化剂的剂量，但尽量不要超过10%，否则，树脂固化后会呈现皲裂，导致成型失败。

树脂固化成型后，一般要用打磨工具除去表层的黏稠物质，如果黏稠物质分散不均，且处于不易打磨处，可用80℃左右的烧碱溶液浸泡，即可去除黏稠物质。之后，就可以进一步对其加工了。

通常，我们会把树脂打磨成具有刻面的宝石形状，这样有利于树脂反射各种光线，产生夺目的光彩效果。下面是一些常见的打磨造型图，供大家参考。当然，树脂的造型是没有定制的，需要大家根据作品的需要来制作造型。

树脂制作工艺示范：添加颜色

往树脂里面添加颜色是很流行的做法，毕竟，透明树脂的表现力是有限的。好在，我们可以往树脂液体里倒入一定量的颜料，从而很轻松地获得自己想要的树脂颜色。一般来讲，水溶性颜料能够较好地溶于树脂液体中，树脂的透明效果也不会被破坏。油画颜色、丙烯色在树脂液体中的溶解效果不佳，一般不予使用。此外，色漆也可溶解于树脂液体中，但溶解效果不如水色。

颜料的添加必须是在使用催化剂和固化剂之前，添加颜料的多少由所欲获取颜色的浓淡程度决定，想要浓色，就多添加一点颜料，反之，则较少添加。颜料加入后，一定要耐心地把树脂液体搅拌均匀，然后再倒入催化剂和固化剂，同样搅拌均匀。

下面是树脂"彩色宝石"的加工过程，大家可以举一反三地拓展运用。

2 橘黄色树脂液体经加入催化剂和固化剂之后，24 小时左右即可凝结成块，再用钢锯对其进行切割，获得大形。

3 用火漆黏住树脂块，再用八角手对其打磨，树脂块的刻面造型可参考宝石琢型标准。磨盘由粗到细，最后换铜盘，可使用钻石粉对树脂块抛光，能获得绚丽的类似宝石的刻面效果。

1 往空纸杯里倒入适量树脂液体，倒入树脂的多少由将要获得的树脂"彩色宝石"的体积决定，但可适当多倒一些，留出损耗余量。把橘黄透明水色倒入树脂液体中，用细金属丝搅拌均匀。

4 对水滴形的树脂块进行仔细抛光后，可获得仿真宝石的效果，当然，我们的目的并非制作仿真宝石，而是展示彩色树脂的加工方法。

树脂制作工艺示范：添加实物

　　透明树脂液体里边还可以添加实物，待树脂凝结之后，打磨成型，我们可以很清晰地看到树脂里面的东西。这种往树脂里添加实物的做法同样十分流行，因为它极大地释放了我们的创作自由，为我们的树脂首饰作品增添了无穷的创意和乐趣。

▲　在树脂中添加实物的胸针

1 准备好一定量的环氧树脂液体、催化剂和固化剂。这些材料可在普通的化工商店买到，也可以通过网络购买。

2 准备好实物（风马纸，一种藏族的宗教纸品），把风马纸揉成团，缓缓放入调配好催化剂和固化剂的树脂液体中，等待凝固。

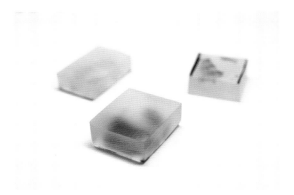

3 一定时间之后，树脂凝结成形，取出，用钢锯切割，再用粗砂纸（320 目）除去树脂块表面的黏稠物质。

4 把树脂块固定在铣床上，用铣刀对其切割，可获得较为精确的刻面。

5 把树脂块从铣床卸下来，再用较细的砂纸（1500目以上）对其进行打磨，最后用抛光轮打上抛光蜡对其抛光，抛光时用力不可过猛，以防损坏树脂的刻面效果。

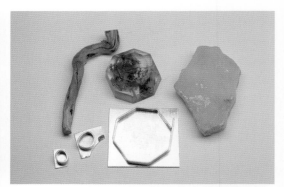

6 将创作整件首饰作品的所需材料备齐，如银片、银丝、小段树枝和岩石。

7 在这件作品中，树脂需要镶嵌，我们可以做一个包镶口，这样可以最大限度展现树脂及其内部的纸团。

8 异形岩石的镶嵌在这件作品中是一个难点，我们可以根据岩石不规则的外轮廓来制作镶口的造型。

9 树脂镶口与岩石镶口需要巧妙的连结，可以通过焊接的手段来达到目的。由于焊点较多，焊接时要注意不同温度焊剂的使用顺序。

10 把针扣焊接于两个镶口的连接处，由于针扣的体积相当小，所以焊接时也需格外小心。

11 取数段细铜丝（黄铜丝），用焊枪对其灼烧，灼烧时注意观察，一旦铜丝的顶端熔化成球状，立刻撤去焰炬。

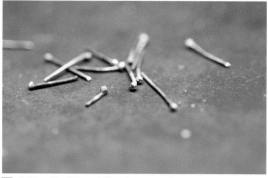

12 黄铜丝的顶端呈球体，但此时可能是不规则的球体，可用吸珠对其进一步打磨，并获得光亮的抛光效果。

13 把丙烯颜料涂抹于岩石的表面，待颜料干后，在岩石上钻出小孔，把黄铜丝的一端涂上 AB 胶，插入小孔中，使黄铜丝顶端的小球暴露在外。

14 把银质的间架结构部分置于白银做旧药水之内，数分钟后，白银被氧化为深灰色。最后，从药水中取出结构部分，把所有的部件镶嵌在一起，完成作品的制作。

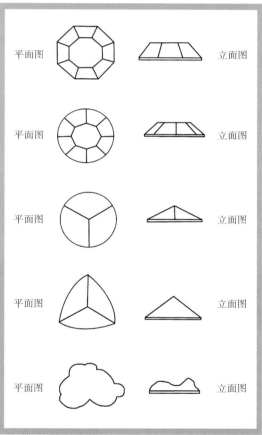

▲ 常见的刻面树脂造型

5.4.2 漆首饰制作

传统漆艺中使用的漆是怎么一回事呢？一般来讲，传统漆艺中所使用的漆为大漆，大漆又名天然漆、生漆、土漆、国漆等，它是一种天然树脂涂料，是割开漆树树皮，从韧皮内流出的一种白色黏性乳液，经加工而制成的涂料。天然大漆液主要含有高分子漆酚、漆酶、树胶质及水分等物质，具有防腐蚀、耐强酸、耐强碱、防潮绝缘、耐高温等特点。大漆的颜色为赭色，加入特殊颜料（如朱砂、墨烟、铁锈等）后，可形成五彩斑斓的色漆。

在金属表面髹漆其实并不是什么新鲜事情，中国古代的漆器就有金属做胎的例子，然而，在首饰制作中，给金属表面髹漆却不多见，即便是在新观念、新技法、新工艺层出不穷的现代首饰作品中亦是如此。大漆经过混合其他材质以后，呈现的色彩十分丰富，能够入漆调和的颜料除银朱之外，还有石黄、钛白、钛青蓝、钛青绿，等等。漆艺的技法同样多姿多彩，这就使得在金属表面髹漆，可以获得的色彩效果和图案效果是令人称奇的，甚至可以说是绚丽多姿，美不胜收。将漆艺运用到现代首饰设计与制作当中，无疑是一个新课题，还有待设计师们进一步去做探索和实践。

漆艺的技法颇多，几乎都可以运用到首饰的金属表面着色工艺制作中，比如贴金箔、银箔，甚至铝箔、铜箔等；还有"莳绘"工艺，就是先用底漆绘出纹样，趁未干时在上面撒上各种金属粉或漆粉，待干后，罩漆将金属粉固定，干后打磨推光，形成丰富的色彩层次和肌理变化；变涂，就是在金属片上泼下稠漆，然后喷洒稀释剂，使漆被驱散而自然流动，获得自然的纹理。在漆里面，还能进行镶嵌，比如镶嵌蛋壳，先将蛋壳内的薄膜去掉，漆做黏合剂，将蛋壳贴在金属片上并用手指轻轻按碎，就可获得自然裂纹，美观耐看。还可以镶嵌螺钿、有色宝石、金属片、金属丝、兽骨、薄木片，等等。将大漆结合炭粉、木粉、铝粉等材质，通过反复堆高、研磨和髹饰，可以获得色彩斑斓的艺术效果，这些艺术效果是其他加工方法所无法得到的。

从艺术的角度讲，在金属表面髹漆的技法也是没有法度的，设计师完全可以不囿于常规，强化探索精神，反复试验，勤于钻研，这样才可获得他人未曾获得过技法和表面视觉效果。

▲ 漆艺工作室

▲ 漆艺制作工具

▲ 可添加到大漆中的特殊颜料

▲ 漆艺制作过程图

漆首饰制作示范：胸针

由于首饰制作中金属的用量较大，所以大漆如何与金属紧密结合，就是制作漆首饰首先要面临的问题。一般来讲，在金属上髹漆，金属的表面不必抛光处理，相反，金属的表面需要处理得粗糙一些，这样可以增强大漆的附着度，大漆干燥后不易脱落。另外，还需注意的是，在髹漆之前，所有的高温作业都应该彻底完成，因为，漆不耐火烧。所以，制作漆首饰，冷连接是最佳的作品组装方式。

▲ 运用漆艺技法制作的胸针

1 把较硬的黄铜片裁切成需要的形状，黄铜的表面用较粗的砂纸（320目以下）打磨，甚至可以用锉子尖在表面刮擦，制造粗糙的表面，以利于大漆的附着。

2 把胸针的各个部件组装在一起，仔细检查制作程序是否正确，是不是所有的高温操作环节都已完成。因为，正确的制作程序是漆首饰创作的关键。

3 分别给各个部件髹漆，每天只能涂一遍，因为，每涂一遍漆之后都要把各部件放入荫房，一天之后，漆才能干透。所以，漆首饰的制作是很费时的。

4 髹漆时，根据最终所需的效果来选择大漆的颜色、涂层的厚度、涂抹的笔触等。如果想获得斑斓的色彩效果，就需要涂抹多层色漆，且每层的厚度不要均匀。

5 用较细的砂纸（1500目以上）打磨，使处于下层的色漆随意显露出来，形成斑驳的色彩肌理。再用手指蘸瓦灰和机油来推光漆面，使漆面光洁平整。

6 在未干的漆面撒漆粉，待干燥后，再薄薄地涂一层保护漆，进一步固化漆粉，干燥后就形成粗粝的表面效果。最后，把各部件组装在一起，完成漆首饰的制作。

5.4.3 木材首饰制作

用木材制作首饰在现代首饰设计中是比较常见的，尤其多见于 20 世纪中叶的西方首饰作品中。那时，首饰刚刚开启现代设计风潮的大门，各种廉价材质粉墨登场，木材首饰大行其道。

木材作为一种纯天然材质，具有微妙多变的自然纹理和丰富的表面质感，气质内敛而雅致，深受人们的喜爱。通常，用于首饰制作的木材多为较为昂贵的硬木，如花梨木、紫檀、绿檀、乌木、红木、鸡翅木、沉香等，还有一些相对较为廉价的木材如酸枝木、枣木等。这些木材质地坚硬，色彩多样，能够塑造较为细腻的形体，是首饰制作的上好材料。

木材首饰的制作没有一成不变的工艺程序，而是根据作品的具体要求来选择合适的加工流程。我们可以单一地使用木材，也可以把木材与其他材质相结合来制作首饰，单一的木材首饰具有木雕的美学特征，而多种材质相结合的木材首饰则更具备珠宝首饰的美学特点，这里介绍后一种木材首饰的制作过程。

▲ 红木嵌银戒指

1 取一段直径为 2.5 厘米、长为 6 厘米的红木棒材，固定于车床的夹具中（注意，木棒的长度不能超过 8 厘米，因为，在车床上加工较长的材料是十分危险的举动）。用车刀削平木棒的横断面。

2 再用车刀修整木棒的外围，使木棒呈现规矩的圆柱体。松开车床夹具，取下木棒。

3 竖起木棒，固定于铣床的夹具中，使用刀口直径为 1.7 厘米的开孔器给木棒钻孔，孔的深度为 1.3 厘米。

4 再用纯银制作一个高度为 1.8 厘米的戒圈，其直径大小正好可以塞进木棒的孔洞中。戒圈的一端焊接一圈方银丝作为堵头，使戒圈塞进木棒孔洞中后不会滑动。

5 用锯子从木棒上锯下掏空的那一截木材，再用加工木材专用的锉子修整木材的横截面。

6 用锉子修整银戒圈，锉掉戒圈上所有焊缝处多余的焊药和杂质。

7 从银戒圈的堵头到另一端的 1.5 厘米处（堵头的宽度为 2 毫米，余下的 1.3 厘米恰好是木戒圈的宽度），刻划一圈直线，依据这道直线用方形油锉锉出一道沟槽。

8 将银戒圈套进木戒圈中，用直径略大于银戒圈的圆头锤敲击银戒圈，由于银戒圈上刻有沟槽，在圆头锤的不断敲击下，银戒圈会从刻有沟槽线的地方开始弯折，其直径也随着材料的弯折而不断扩大。

9 再用凸头锤敲击银戒圈，进一步使它弯折。敲击的过程一定要耐心，力度不可过大，使银戒圈慢慢弯折，不要妄图一步到位。

10 最后用平头锤敲击银戒圈，使银戒圈弯折的部分完全贴合木戒圈。这样，银戒圈就完全把木戒圈固定住了。

11 用锉子把银戒圈弯折的部分锉平，去除所有的锤痕。

12 最后用砂纸打磨银戒指的内圈，并在木戒圈的表面涂抹少许机油，使木质的颜色更显深沉，完成木戒指的制作。

5.4.4 木纹金制作

所谓木纹金属工艺是一种起源于日本的传统金属加工工艺，其独特的加工方法以及精美的表面装饰效果长久以来倍受人们喜爱。木纹金属工艺的日文为"木目金"，可以理解为：木材眼睛的金属。英文为"Mokume Gane"，Moku 意为"木材"、me 意为"眼睛"，木材的眼睛，就是木材的纹理、结瘤等，Gane 意为"金属"，中文将该词译为"木纹金属工艺"，简称"木纹金"，与日文的原意相对照，这个译名还是颇为妥帖的。木纹金属工艺的做法很多，但基本的原理是一样的，就是将色彩不同的金属，如白金、黄金、K金、玫瑰金、赤铜、白银、胧银、紫铜、黄铜、铁、钢、钛等金属叠置在一起，在高温高压状态下熔接，经过锻打、敲击、锤压、锯锉、打磨等手段，使金属的固有色层层叠加，产生丰富的自然纹理效果。

木纹金的加工制作已有将近四百年的历史，它的产生还要追溯到日本武士刀剑的生产。众所周知，武士阶层是日本历史上特有的阶层，他们有一定权势和财富，社会等级较高。既然身为武士，随身佩带刀剑也就顺理成章，久而久之，刀剑便成了武士阶层的象征，刀剑的设计与制作也就成了一项专门的技艺，社会上随即涌现了一大批优秀的刀剑工艺师。18世纪以后，随着日本武士阶层的式微，实用性较强的刀剑需求量不断减少，而装饰性刀剑的需求随之上升。为适应新的市场需求，许多刀剑工艺师努力寻求新的金属装饰工艺来设计制作刀剑，而刀剑制造业历来云集日本最优秀的金属加工工艺师，这就给刀剑金属工艺的革新带来了便利条件。来自于日本秋田县的铃木重吉（Denbei Shoami，1651—1728）是这些金工师中的佼佼者，为追求类似中国漆艺中的"云雕"工艺装饰效果，铃木重吉利用自己对金属性能熟稔于心的优势，创造性地运用紫铜和赤铜制作了一件"刀镡"作品。刀镡相当于刀剑的护手或剑格，其作用主要是出刀和收刀时充当开关，格斗时保护手掌和手腕，另外，也是刀剑拥有者身份和社会地位的象征。铃木重吉制作的这件刀镡系锻造而成，紫铜和赤铜材料经着色后呈现黑色和红色，两色层层相叠，相互融合，具有十分优美的肌理效果，大约这就是最早的木纹金作品了吧。从这件作品开始，铃木重吉逐渐掌握了木纹金的制作要诀，不断尝试和改进，使得木纹金的制作工艺走向成熟。铃木重吉并没有把木纹金工艺据为自己的私产，而是把它传授给同时代的金属工艺师，使木纹金属工艺得以流传，显示出了大家风范。

由于木纹金的制作程序极为复杂，工匠们长年积累的金属加工经验在木纹金制作程序中的作用十分明显，一般的、经验欠缺的金工家轻易不敢尝试木纹金的制作，故而，木纹金属工艺一直未得到普及，木纹金传世作品也相对较少。即便如此，在18世纪晚期，还是有一些木纹金属器皿作品出口到了欧洲和北美洲。另外，日本明治维新期间，武士被禁止携带刀剑，一些优秀的刀剑艺术品被西方收藏家购买，当时的武士为了生存不得不变卖自己珍爱的刀剑，金工师不得不受雇于西方艺术市场，出卖自己的工艺技术。这样一来，木纹金属工艺及其作品引起了一些西方专家和学者的注意，这其中就有 Raphael Pumpelly，他也许是第一位用英文介绍木纹金属工艺的西方人。由于对木纹金工艺的一知半解，在公开发表的文章里，Pumpelly 描述木纹金加工过程时，误把金属片在高温高压以及无氧状态下形成的自然熔融过程解释成了人工焊接过程，这一误解使得西方学习制作木纹金的工艺师尝尽了失败的苦头，造成了重重困难，因为，现代木纹金的分析理论对早期的木纹金作品的研究表明，即便是木纹金属工艺的发展初期，不同金属之间的融合同样是依靠自然熔接，而非人工焊接。由于焊接是一项难度较高的技术，更别说数十层金属之间的无缝焊接的难度了，可以想见，当时的西方工艺师在这个误区中操作木纹金时遇到的麻烦有多大，但是，这些麻烦并未削减西方工艺师制作木纹金的热情，还是有人获得了成功，比如 Alfred Gilbert 和 Edward C.Moore，都有木纹金作品问世，后者曾出任 Tiffany 公司的首席设计，在其任职期间，设计制作了几件茶具和餐具，这些器皿都有木纹金装饰。

木纹金虽生于日本，然而，从当今首饰艺术发展状况来看，日本之外的金工首饰艺术家似乎对木纹金的兴趣要高得多，木纹金的设计与制作也是一浪高过一浪，大有墙内开花墙外香的味道。1970 年，美国的 Hiroko Sato Pijanowski 与 Gene Pijanowski 夫妇在日本访问期间，亲眼目睹了一些木纹金器皿作品，这些器皿作品都是东京传统工艺年展上的展品，其中包括日本木纹金制作大师 Gyokumei Shindo 的木纹金茶壶，这件茶壶的表面具有大理石一样的精美肌理效果，漂亮之极，令 Pijanowski 夫妇叹为观止。在随后数次访日期间，Pijanowski 夫妇拜师于诸位木纹金制作大师的门下，潜心学习木纹金加工技术。

回国后，Pijanowski 夫妇大力宣传木纹金属工艺，介绍木纹金的制作工艺流程，成为木纹金属工艺在美国的代言人和导师。1977 年，Pijanowski 夫妇受南伊利诺伊州卡本代尔大学之约，讲授日本的金属镶嵌工艺和金属着色工艺，并传授木纹金属工艺的制作技巧。

此外，南伊利诺伊州卡本代尔大学的 L.Brent Kington 教授也组织他的研究生，展开了东方以欧洲金属工艺的研究和实践，他们开展了一系列的有关亚洲、伊斯兰民族以及欧洲刀剑兵器的学术研究，并参照陈设于博物馆中的木纹金艺术品，尝试制作木纹金作品，虽然屡遭失败，但功夫不负苦心人，经不断改进，他们最终成功地制作了许多木纹金属艺术作品，使得木纹金属工艺得到极大推广。

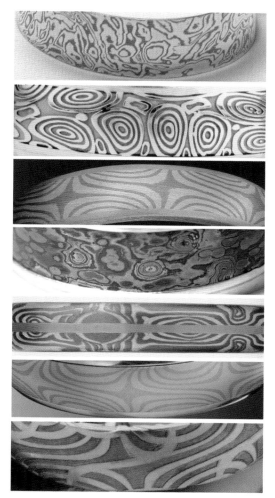

▲ 木纹金不同的纹理

在欧洲，也有许多金工首饰设计师尝试制作木纹金作品，经过多年的积累，他们已经熟练掌握了木纹金的加工技术。应该说，他们不但掌握了传统的木纹金加工工艺，而且，还不断有技法创新，形成了许多前所未见的纹理效果。例如，传统木纹金的选材一般为板材，这些金属板材层层叠加，呈现木纹效果，而欧洲工艺师大胆选用线材来做木纹金，如银丝和铜丝，相互缠绕，从而产生自然随意的线条和色块，除此以外，欧洲工艺师还在木纹金半成品中，嵌入黄铜丝、黄金片、银片、银丝等材料，形成纵横交错的线条和肌理，有的设计师甚至故意在木纹金属块中留下缝隙，产生斑驳的艺术效果。可见，艺术创造永远没有定制，木纹金的纹理艺术效果同样没有章法可循，它只存在于艺术家的心灵中。

在中国，金工首饰艺术的发展方兴未艾，西方的工艺技术随同设计理念一起涌入中国，设计师和艺术家们如饥似渴地模仿和借鉴这些新鲜事物。虽然中国同样具有悠久的金属加工历史，但日本的木纹金作品展现在中国同行的眼前时，他们还是被木纹金的美丽所折服。客观地说，木纹金在中国的影响力还是极为有限的，时至今日，它仍旧是件稀罕物，能够亲手制作木纹金的金工家更是凤毛麟角。可喜的是，木纹金已经引起了许多专业人员的关注，尤其是高校首饰设计专业的学生，表现出了对木纹金的极大兴趣，并付诸实践，虽屡遭失败，依旧痴心不改。除了高校的教学体系，目前中国的首饰市场体系中对木纹金的认知度以及实际操作是极为有限的，在国外，由于木纹金的制作程序十分复杂，主要依靠手工操作，难以形成批量化生产，故而，木纹金的使用主要集中在高端产品，这是中国的设计人员可以借鉴的经验。

从木纹金的工艺以及美学特点来看，它比较适合设计成装饰化的首饰作品，以便充分展示木纹金的工艺美和肌理美。实际上，工艺美和肌理美都是中国传统美学思想中十分关注的因素，故而，将木纹金融入我们的设计作品中是十分自然的事情，然而，要想做到以中国传统文化以及东方美学为根基，结合现代时尚特点，设计与制作符合当代都市人群的木纹金作品，的确不是件易事，对于我们的专业人员来说，这是一个全新的课题。

木纹金首饰制作示范：戒指

木纹金的首饰制作，其关键在于木纹金原料的制作，只要成功地制作出了木纹金原料，那么，木纹金首饰的制作就完成了一大半。有了木纹金原料，就可以将它裁剪成符合设计需要的形状，合理利用就行了。

木纹金在首饰中的应用主要分为整体使用和局部使用两种，所谓整体使用是指整件首饰全部由木纹金构成，而局部使用则是指木纹金原料作为首饰的局部而存在。两者没有实质性区别，整体使用较为简单，不必单独介绍，而局部使用较为复杂，因为牵涉到部件组装的问题。这里展示的制作示范属于局部使用范例。

▲ 木纹金戒指

1 准备大小相等的紫铜片、黄铜片、白银片各4片，相互间隔，叠置在一起。各金属片的表面需打磨平整，去除杂质，并彻底清洗干净。

2 将叠在一起的金属片用夹具夹紧，夹具的三面用耐火砖围起来，以防加热时热量流失。使用两支火枪同时从两面进行加热，直到金属片的侧面出现熔接迹象。

3 金属的层与层之间渗出熔液，就是熔接的典型迹象。此时，应及时撤去焰炬，等待金属件自然冷却，然后，检查所有的金属片是否都已成功熔接。

4 使用锤子敲打熔接后的金属件，使金属件不断变薄。敲打过程中注意不时给金属件退火。

5 一边捶打，一边检查金属件的正面和侧面是否有开裂。如果出现开裂，则应该将开裂的部分用锉子去除，或者使用焊药焊接好。

6 当金属件的厚度被锤打至 5 厘米时，就可以用台式钻床从顶面给金属件钻孔，切记，钻孔不能钻透金属件，其最大的深度不能超过金属件总厚度的十分之七。

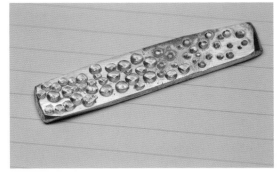

7 可以使用大小不等的钻头来钻孔，孔的深度也可以不同，这样会使木纹金的表面肌理更加生动自然。然后，用轧片机碾轧金属件，直至表面完全平整，孔洞消失。

8 用锉子锉掉开裂的、翘起来的金属碎片，如果开裂的面积比较大，就应该把它焊接起来，再用锉子修平金属件的表面。

9 用焰炬稍稍加热金属件，使金属件氧化，可观察纹理的走向。如果纹理已达到要求，再用细砂纸（1500目以上）仔细打磨金属件的表面，完成木纹金原料的制作。

10 从木纹金原料中裁剪所需的形状，用硫化钠溶液（硫化钠与水以1∶1的比例配制而成）进行着色，然后依照包镶工艺的程序，将木纹金镶嵌起来。

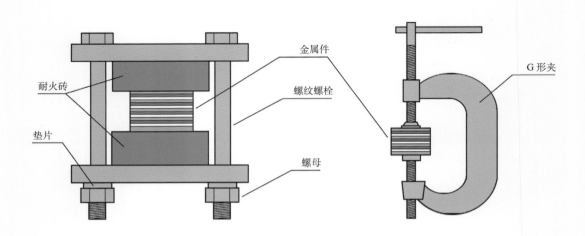

▲ 木纹金熔接夹具示意图

5.4.5　花丝首饰制作

花丝首饰制作工艺是我国传统的首饰制作工艺，由于用料昂贵，工艺繁复，花丝工艺首饰历史上一直是皇家御用之物，其工艺在我国历朝代的宫廷饰品和礼器中均有呈现，也是我国传统奢侈品的加工工艺之一。这种工艺把纯金或纯银等贵重金属加工成丝线，再经过搓曲、掐丝、填丝、堆垒等手段，把贵金属加工成金银首饰的工艺，它是金银加工工艺中最有技术含量的工艺之一。花丝首饰的取材十分广泛，从花鸟、草虫到各种动物、水族，无所不有。品类包括发饰、耳饰、手饰、带饰、佩饰，等等。

从原材料来讲，花丝工艺使用的原料多为纯金和纯银，纯度高的材料质地较软，延展性好，耐高温，易于加工。花丝工艺中用于焊接的焊药通常为粉质的焊药，俗称"焊粉"，这种焊粉的颜色微微发红，其成分为金、银、铜，以及少量的砷。粉末状焊药能在温度较低的情况下熔化，从而使金银丝之间能够均匀无痕的焊接起来。

花丝首饰制作所使用的丝有银丝、金丝之分，其准备工作从将条状、块状或粒状的金银，经化料后，拉制成细丝，这个步骤也称拔丝。专用的拉丝工具为拔丝板，拔丝板上由粗到细排列着 40 ~ 50 个不同直径的眼孔，最小的细过发丝。在将粗丝拉细的过程中，金属丝必须从大到小依次通过每个眼孔，不能跳过。有时，为了获得所需直径的细丝，必须经过数十次拔丝的过程才可成功。

从拔丝板中拔出来的单根丝还仅仅是"素丝"。素丝表面比较光滑，必须经过一定的加工，搓制成各种带花纹的丝才可以使用，"花丝"之名由此而来。最常见、最简单也最基本的花丝，是由 2 ~ 3 根素丝搓制而成的，更复杂的花丝样式还有所谓竹节丝、螺丝、码丝、麦穗丝、凤眼丝、麻花丝、小辫丝等，分别应用于各类花丝产品的创作中。

花丝首饰的制作工艺方法通常可以概括为"堆、垒、编、织、掐、填、攒、焊"八个字，其中掐、攒、焊为基本技法。

①堆：经白芨和碳粉堆起的胎体，用火烧成灰烬，而留下镂空的花丝空胎的过程。具体工序包括 5 个步骤：把炭粉和白芨加水调成泥状，制作胎体；将各种花丝或素丝，掐成所需纹样；把掐好的花丝纹样，用白芨胶粘在胎体上；根据所粘花纹的疏密，撒上焊粉，加热焊接；对没有焊接成功的部位，用锡焊的方法焊接。

②垒：两层以上花丝纹样的组合，即称为垒。

③编：用一股或多股不同型号的花丝或素丝，按经纬线编成花纹。

④织：单股花丝按经纬线的穿插而形成纹样，通过单丝穿插制成很细的、如同面纱之类的纹样。

⑤掐：用镊子把花丝或素丝掐成各种花纹，包括膘丝、断丝、掐丝和剪坯等四道工序。

⑥填：把轧扁的单股花丝或素丝充填在掐好的纹样轮廓中。

⑦攒：把独立的单独纹样组装成比较复杂的纹样，再把这些复杂的纹样组装到胎体上。

⑧焊：把掐好的花丝或素丝焊接在一起，或者把它们焊接在胎体上。焊接是花丝工艺最基本的技法。

▲ 焊接前的撒焊粉

▲　花丝焊接操作图

花丝首饰制作示范：胸针

以一件银花丝胸针的制作为例，它的制成需要经过十几道工序，如下：设计绘图、化料、拔丝、搓丝、轧丝、膘丝、掐丝、填丝、焊接、清洗等等，每一道工序都需倾注极大的耐心，花丝首饰制作的难度可见一斑。不过，只要不断练习花丝首饰的制作，熟练操作各道工序之后，自然可以制作出精美的花丝首饰作品。

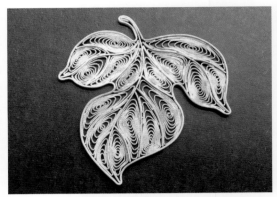

▲ 花丝胸针（尹航演示、何彦欣拍摄）

1 画好设计图之后，估算银料的用量，再把银料拔成丝，银丝的直径为 0.26 毫米。银丝置于木板上，用木块压实，搓动银丝，使银丝成麻花状。

2 把麻花状的银丝经压片机轧扁，使每一条银丝的边缘呈波浪状，这就是"花丝"。

3 将所有的花丝用白乳胶并排粘连在圆棒上，约 4 个小时之后，白乳胶干透，所有的花丝都黏连成片了。这个步骤称为"膘丝"。

4 用镊子将膘好的银丝掐成所需的纹样，待填进胸针的框架结构之中。

5 按照事先画好的设计图，做好胸针的框架结构，再将银丝纹样分别填进框架结构之中。这个步骤称为"填丝"。

6 所有的纹样都填进去以后，小心地在花丝的表面撒上焊粉，用软火焊接。之后，经过酸洗，再把胸针放入煮沸的明矾液中清洗，胸针呈现白色，完成制作。

花丝首饰制作示范：泡坯

在花丝首饰的制作中，尤其是花丝镶嵌首饰的制作中，泡坯一般充当底托的角色，可以在泡坯上焊接各式花丝纹样、镶口，从而可以镶嵌宝石、制作复杂精细的装饰纹样，也可以把泡坯制作成三维的立体造型，使花丝首饰具备立体的元素。此外，泡坯还使得花丝首饰具有一层隐约的底色，花丝首饰的层次也因此变得丰富，更加凸显了朦胧的美感。可见，泡坯在花丝工艺中的地位是相当重要的。

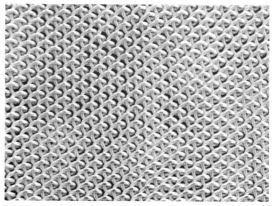

▲ 泡坯制作（尹航、何彦欣演示）

1 准备一个专门制作银丝卷的工具，这个工具由一根 8 厘米长、直径 2 毫米的钢丝为轴，钢丝轴的前半部套去一根弹簧，弹簧尾部的延长线可用手指捏住。

2 开始制作银丝卷。先将直径为 0.26 毫米的银圆丝在弹簧的间隔中缠绕，大约缠绕 5 ~ 6 圈，然后将卷丝工具的后半部用吊机夹紧。

3 手指同时捏住弹簧尾部以及银丝，慢慢启动吊机，吊机旋转数圈后停止，可以见到，银丝卷在慢慢变长。

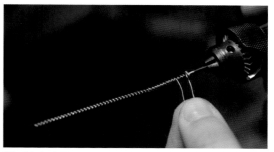

4 再次启动吊机，银丝卷变得更长，直到获得想要的长度。用剪子剪下银丝卷。

5 多次重复步骤 4，获得许多根银丝卷。银丝卷的多寡取决于所需泡坯的宽度，越宽的泡坯，需要越多的银丝卷。

6 把一根银丝卷的头部从另一根银丝卷的尾端旋转着套进去，这样，两根银丝卷的每一个节点都被缠绕在了一起。

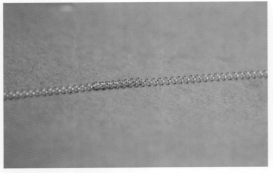

7 套进去的动作要特别轻微，一是防止银丝卷变形，二是确保每一个节点都是缠绕着的。

8 两根套好的银丝卷并排放置，其长度应相符。

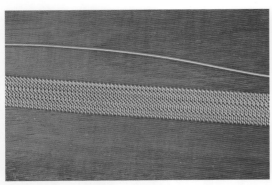

9 接着再把一根银丝卷的头部从其中一根套好的银丝卷的尾端套进去，一边套一边旋转，确保银丝卷的每一个节点都是相互缠绕着的。

10 这样一根套一根，泡坯逐渐变宽成型。一旦获得想要的泡坯宽度，停止套接银丝卷。

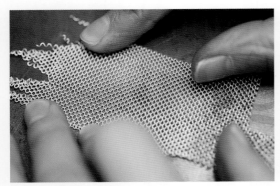

11 用压片机把泡坯轧平，再撒上焊粉把泡坯的每一个节点都焊接好，这样，泡坯就相对牢固了。

12 有了泡坯，就可以依据一定的模型来制作某种造型，然后根据需要在这个泡坯形体上进一步添加装饰。

5.4.6　编织首饰制作

编织首饰是指将金丝、银丝互相交错穿插，或通过钩连、打结的方法制作而成的首饰。首饰制作中的编织工艺脱胎于传统工艺美术中的织布、编篮、针织等工艺，只不过编织首饰对编织工艺的要求更为精细和严谨。

编织工艺是人类最古老的手工艺之一。据《易经·系辞》记载，旧石器时代，人类即以植物韧皮编织成网罟（网状兜物），内盛石球，抛出以击伤动物。浙江余姚河姆渡遗址出土的苇席，距今约有 7000 年历史。1958 年，在浙江湖州钱山漾村新石器时代晚期遗址出土的竹编更为惊人，约有 200 多件，其中大部分篾条经过刮磨加工。这一时期的编织工艺也相当精巧，有"人"字形、"十"字形和菱形、梅花形等形式。器物的品种有篓、篮、箩、筐等。唐代，草席生产已很普遍，福建、广东的藤编、河北沧州的柳编、山西蒲州（今永济、河津等地）的麦秆编等都是著名的手工艺品。其中广东藤编还有编织花卉、鱼虫、鸟禽图案的帘幕。宋代，浙江东阳竹编的品种已有龙灯、花灯、走马灯、香篮、花篮等，能编织字画、图案，工艺精巧，在每平方寸（11 平方厘米）的面积内可编织 120 根篾条，有的还饰以金线。至明清两代，浙江、江苏、湖南、四川、福建、广东等地的草编、藤编、竹编等生产有了发展，并在 19 世纪末开始出口。

作为最古老的工艺方式，编织工艺随着人类生活、行为、观念的改变而不断发展，表现于生活的方方面面。从服装、地毯、容器到首饰，到处都可以看到它的痕迹。发展到现在，编织的技术有很多种，运用于首饰制作中的大致有编织、针织、钩针编制、缠饰、连结、编篮、打结等。

编织首饰在材料、色彩、编织工艺等方面形成了精致、典雅、奢华、灵动的艺术特色。

从材料上来说，贵金属黄金和白银被加工成较细和极细的丝线，贵金属丝线之间相互穿插和连结，呈现金碧辉煌的艺术效果。

从工艺上来说，通过运用编织、缠扣、连结、编篮、打结等多种技法，采用疏密对比、经纬交叉、穿插掩压、粗细对比等艺术手法，使贵金属丝在一定的平面上形成凹凸、起伏、隐现、虚实的浮雕般的艺术效果，将贵金属丝编织成丰富多彩的花纹和造型，显示了精巧的手工技艺。

编结工艺还可以与其他的工艺相结合，如焊接、铸造、镶嵌等，使得编结首饰呈现更为丰富多彩的视觉效果，从而满足现代时尚生活的需要。

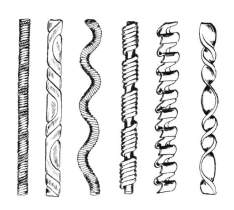
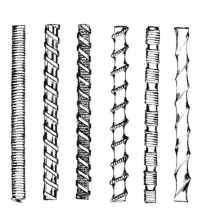

▲ 单丝或双丝造型示意图

编织首饰制作示范：戒指

事实上，许多首饰编织技法都来源于传统的编篮技术，只不过，首饰编织技法采用的是金丝、银丝等贵重金属丝，而传统的编篮技术采用的竹条、木条等天然材料。

▲ 银丝编织戒指（何彦欣演示）

1 准备一捆直径为 0.6 毫米的 925 银丝作为编织戒指的材料。这种 925 银丝在首饰材料店都可以买到。

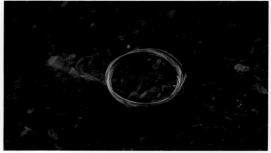

2 截取 12 段 80 厘米长的银丝，缠绕在一起，用软火来给银丝退火。注意不断移动焰炬，以防银丝熔化。

3 为了方便叙述，我们把银丝进行编号，分别为 1、2、3、4、5、6、7、8、9、10、11、12 号。这 12 根银丝依次排开，用台钳夹紧

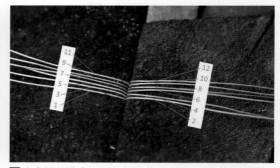

4 在台钳的钳嘴垫一块皮革，防止在银丝表面留下硬伤。夹紧 12 根银丝，再按号码分开成两组，奇数号银丝在左边，偶数号银丝在右边。

5 把 1 号丝弯折到两组银丝之间，形成纬线。

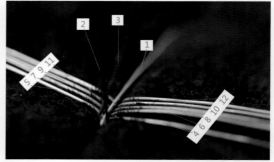

6 再把 2 号丝与 3 号丝对折，2 号丝从右边那一组弯折到了左边那一组，而 3 号丝从左边那一组弯折到了右边这一组。

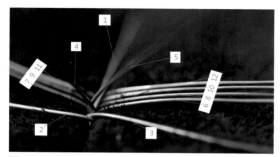

7 再把 4 号丝与 5 号丝对折，4 号丝从右边那一组弯折到了左边那一组，而 5 号丝从左边那一组弯折到了右边这一组。

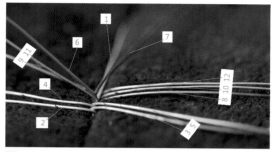

8 再把 6 号丝与 7 号丝对折，6 号丝从右边那一组弯折到了左边那一组，而 7 号丝从左边那一组弯折到了右边这一组。

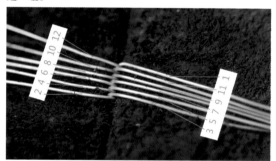

9 再把 8 号丝与 9 号丝、10 号丝与 11 号丝对折，8、10 号丝从右边折到了左边，9、11 号丝从左边折到了右边。再把 12 号丝折到左边，1 号丝折到右边。

10 此时，12 根银丝又分成了两组，奇数号的银丝在右边，偶数号的银丝在左边，两者互换了位置。再把 2 号丝弯折到两组银丝之间，形成新的纬线。

11 重复两组银丝交叉换位的步骤，此时，奇数号银丝又回到了左边，偶数号银丝回到了右边。

12 再把 3 号丝弯折到两组银丝之间，形成新的纬线。此后，两组银丝再次交叉换位之后，4 号银丝充当纬线，如此依次反复进行。

13 检查每一次银丝交叉之后，银丝之间是否密实，可以用橡胶锤轻轻敲击银丝编织带的横截面，使银丝之间的结合十分紧密。

14 当编织带的长度达到 3 ~ 4 厘米时，松开台钳，取出编织带，检查银丝之间的密合程度是否符合需要、纬线之间是否平行。

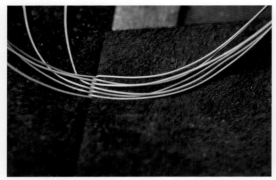

15 检查和调整之后，重新用台钳将银丝编织带夹紧，继续编织。

16 当编织带的长度达到要求时，松开台钳，取下银丝编织带。

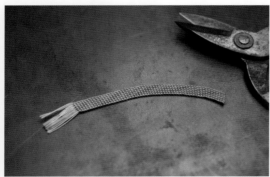

17 用软火给银丝带退火，用橡皮锤敲平银丝带，再用剪子沿着纬线把多余的银丝带剪掉。

18 在带有戒圈号码的戒指棒上把银丝带弯折成戒指。弯折时力度要轻，防止银丝带尾端断面的银丝张开。

19 使用中温银焊药把银丝戒指的缝隙焊接在一起，最好使用焊粉来焊接，这样不会在焊接处留下大量多余的焊药。

20 再用戒指棒修整戒指的形体。之后，用沸腾的硼砂水来煮戒指，时间为20分钟，戒指就会变成纯白色，完成银丝编织戒指的制作。

编织首饰制作示范：手链

　　下面介绍一种链条的编织手法，这种编织手法来源于北欧的传统编织技法，通常称为维京编织针法（Viking Knitting）。这种编制法可以生成中空的长链条，编织技法的难度并不高，适合初学者学习。

▲　银丝编织手链（袁春然演示）

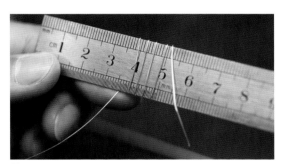

1 取一段直径为 0.35 毫米、长度为 25 厘米的纯银丝，将银丝在钢尺上缠绕 5 圈。

2 从钢尺上取下银丝圈，把银丝圈合拢在一起，形成银丝束，在银丝束中段拧一个结，并把剩余的银丝缠绕在这个结上，把银丝束捆紧。

3 左手捏紧银丝束的一端，右手轻轻掰开银丝束另一端的 5 个银丝圈。

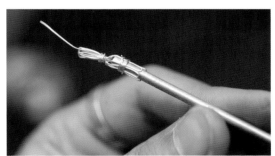

4 在张开的银丝圈中央放入一根直径为 3 毫米的黄铜管，然后合拢银丝圈，使银丝圈包紧黄铜管的头部，再用银丝缠紧，使它们被牢牢固定在黄铜管的头部。

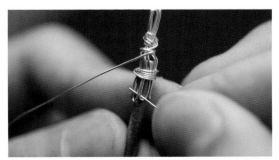

5 取一根直径为 0.35 毫米、长度为 1.5 米的纯银丝，其一端缠绕固定在银丝束的中部，另一端从相邻的银丝圈中穿过，从而把这两个相邻的银丝圈缠绕在一起。

6 银丝从相邻的银丝圈中穿过之后，稍稍拉紧银丝，但不可过于用力，以防银丝圈被拉变形。这样，就形成了一个新的银丝圈。

7 接着，再把银丝从下一个紧邻的银丝圈中穿过。

8 银丝穿过之后轻轻拉紧，这样，又形成一个新的银丝圈。一直重复这个动作，直到所有 5 个银丝圈都被连在一起，并在它们的下方形成了 5 个新的银丝圈。

9 继续把银丝分别从新形成的 5 个银丝圈中穿过。

10 银丝穿过之后轻轻拉紧，这样，又形成一个新的银丝圈。

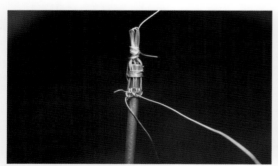

11 接着，再把银丝从下一个银丝圈中穿过。

12 银丝穿过之后轻轻拉紧，又形成一个新的银丝圈。

13 重复上述穿银丝的动作，链条就会慢慢变长。将整根银丝都编织完毕，从黄铜管上取下链条。

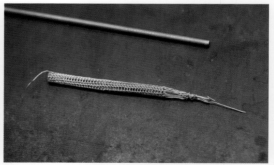

14 一根 1.5 米长的银丝经过编织之后通常可以获得 8 厘米长的链条。

15 用拔丝板抽拔链条，其直径会变小，另外，链条不再僵硬，而变得细密柔软。

16 如果链条的长度不够，可再编织一段链条，然后把两段链条用银管串起来，焊接在一起。

17 再在链条的两个尾端分别焊接搭扣。焊接时注意不要使用过多焊药。

18 把焊接完毕的手链放入酸液中酸洗，再用铜刷子涂抹去污粉清洗干净，完成银丝编织手链的制作。

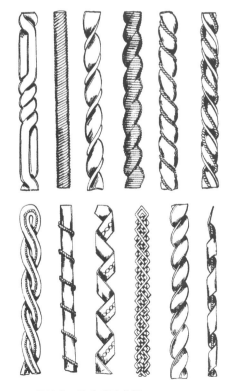

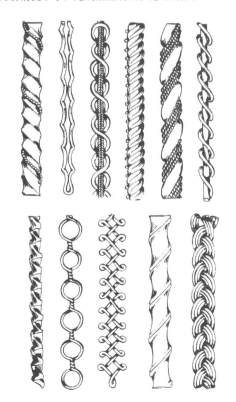

▲ 单丝或双丝造型示意图 - 1

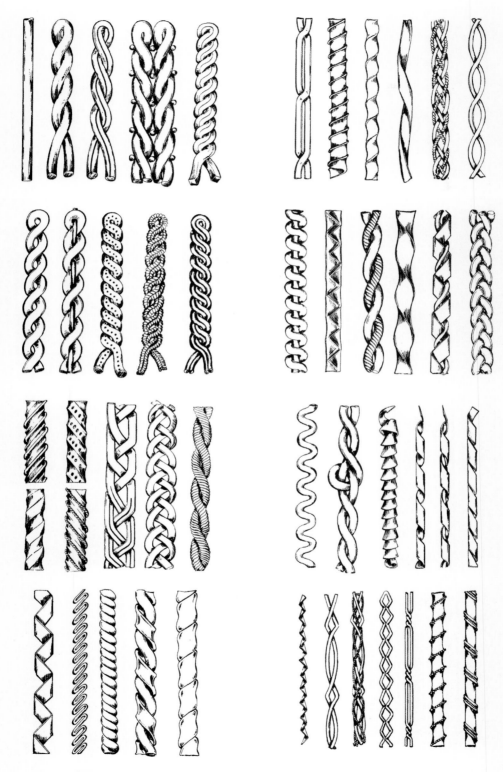

▲ 单丝或双丝造型示意图 - 2

艺廊 Gallery／特殊工艺首饰作品

项饰，《第 43 号》，玛丽·胡（Mery Lee Hu），纯银、925 银、铜线。

1
―――
2 | 3

1. 胸针，托马斯·曼，青铜、黄铜、树脂。
2. 胸针，《海之生》，吴彩轩，亚克力。
3. 项饰，赵祎，瘿子木、琥珀、925银、钢丝、磁铁。

$\dfrac{1}{2}$

1. 胸针，迈克尔·卓贝尔
（Michael Zobel），珊瑚、
漆、金箔、祖母绿、黄
金、钻石。
2. 吊坠，《红鲤》，唐绪祥，
金、红宝石。

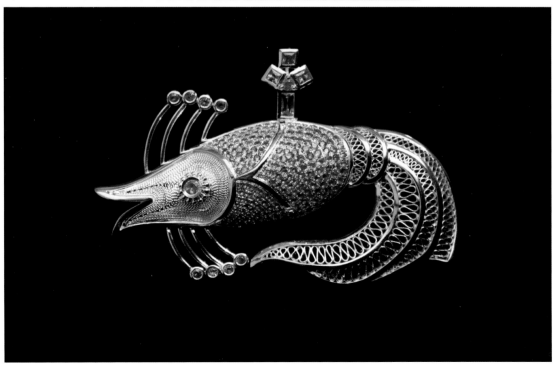

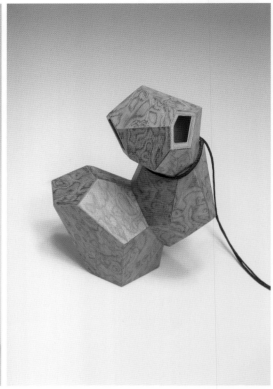

1 | 2
———
3

1. 胸针，《内心的旅行》，孙捷，银、木材、钢、漆，模特：西蒙·昆兹（Simon Kunz）。

2. 吊坠，戴翔，航空木板、Veneer 薄木层。

3. 戒指 / 项链，《斑驳 -4》，尹航，925 银、木纹金、黄铜、紫铜、皮绳。

思考题与练习

1. 金属嵌接工艺主要有哪几种？

2. 常用的宝石镶嵌工艺有哪些？

3. 如何探索和实验具有独创性的镶嵌技法？

4. 珐琅工艺分为哪几种主要类型？

5. 什么是软珐琅？

6. 什么是木纹金工艺？

7. 练习把银丝嵌入到紫铜片中。

8. 用红色玻璃练习宝石琢型工艺。

9. 制作一枚包镶绿松石的戒指。

10. 用紫铜片烧造珐琅饰片。

11. 制作一枚木纹金戒指。

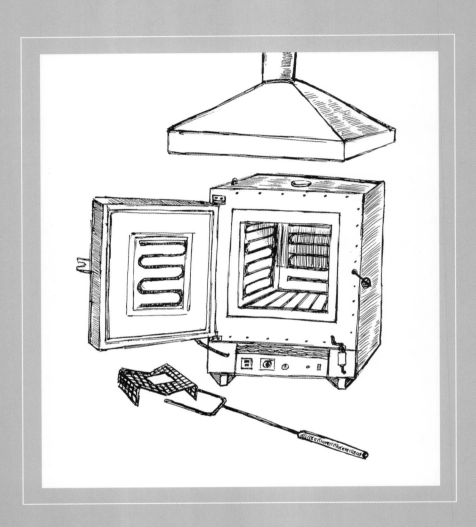

结束语

的确，写一本加工工艺方面的书是一件比较困难的事情，作者不但需要整理相关的工艺文献资料，以图囊括所有的工艺技法，另外，还需要事无巨细地拍摄所有的工艺操作过程，唯恐挂一而漏万，这其中的工作量可想而知。不过，由于篇幅所限，本书并没有做到详尽各项金工首饰制作工艺，稍有遗憾。

无论如何，本书得以最终出版，实在是有赖于多位朋友和同仁的大力支持。

特别感谢清华大学美术学院的唐绪祥教授。作为我的恩师，唐绪祥教授在中国高校首开金工首饰设计教育的先河，为我国的金工首饰设计教育事业做出了巨大贡献，使我国的金工首饰设计教育从最初的筚路蓝缕，发展到今日的枝繁叶茂，身为唐先生的弟子，在此一并作谢。

此外，我的搭档陈彬雨严谨的工作态度，令人敬佩。没有她的通力配合，本书亦没有付梓之日。

继而，感谢中外诸多的作品图片提供者，他们中既有工艺大师，也有设计大师。这些负有盛名的工艺师和艺术家无偿提供作品图片给作者使用，使本书的作品展示部分显得尤为精彩。作品图片提供者的名单开列如下：唐绪祥、赵祎、孙捷、戴翔、曹毕飞、李恒、郭宜瑄、倪献鸥、吴彩轩、孙常凯、尹航、邵琦、Mery Lee Hu、Ramon Puig Cuyàs、Philip Sajet、Jamie Bennett、Amitai Kav、Laurent-Max De Cock、Silvia Walz、Felieke van der Leest、Maria Rosa Franzin、simon cottrell、Marina Sheetikoff、Elizabeth Bone、Joo Hyung Park、Judy McCaig、Galit Barak、Tabea Reulecke、Stephanie Tomczak Selle、Rebekah Frank、Avery Lucas、Erin Williams、Lisa Wilson，等等。

另外，感谢诸多的工艺过程演示者，所谓"众人拾柴火焰高"，没有他们的辛勤工作，作者无法拍摄到如此数量众多的图片，也就无法向读者详细地讲解各项加工工艺流程。这些演示者包括：宋鑫子、孙常凯、尹航、何彦欣、袁春然、崔桠楠、张茜璇、商宓、陈曦、张杰、高洁、陈忠清、许安怡、陈莎、谢雯欢、蒋伟昭、李欣，等等。

最后，感谢我的家人，是他们多年来的一贯支持和鼓励，才使我能够专注于金工首饰设计教育和创作的工作。顺祝我的儿子胡以漠健康快乐地成长。

胡　俊
2017 年 9 月

附 录

国内外主要的首饰制作工具设备与材料供应商

北京广艺鸿文工贸有限公司：www.gybj.com
电话：010—66069777 微信：GY88BJ
地址：北京市西城区西安门大街 144 号（中国）

丰兴行：www.fenghsing.com.tw
电话：04—2227—7218
地址：台中市中区成功路 223 号（中国台湾）

Jong Ro Jewelry Tools：www.jrtools.kr
电话：02—766—8660
地址：29—1,BONG IK-DONG,JONG ROGU,
SEOUL,KOREA 110—390（韩国）

Sea Force：www.seaforce.co.jp
电话：03—6821—7776
地址：4—18—11 Taito Taito-ku,Tokyo 110—0016（日本）

Karl Fischer：www.goldschmiedebedarf.de
电话：07231—310 31
地址：BerlinerStr.18,75172 Pforzheim（德国）

国际知名金工首饰艺术网站

http://www.metalcyberspace.com
http://www.chihapaura.com
http://www.klimt02.net
http://www.crafthaus.ning.com
http://www.fvandenbosch.nl
http://www.craftinfo.org.nz
http://www.whoswhoingoldandsilver.com
http://www.snagmetalsmith.com
http://www.helendrutt.com
http://www.craftculture.org
http://www.alternatives.it
http://www.galerie-slavik.com
http://www.bja.org.uk
http://www.dazzle-exhibitions.com
http://www.lesleycrazegallery.co.uk
http://www.metalcyberspace.com

http://www.craftvic.asn.au
http://www.ganoksin.com
http://www.misilversmith.org

首饰博物馆网站

英国维多利亚与阿尔伯特博物馆
http://www.vam.ac.uk

美国工艺博物馆
http://www.americancraftmuseum.org

德国普福尔茨海姆首饰博物馆
http://www.schmuckmuseum-pforzheim.de

比利时安特卫普钻石博物馆
http://www.diamantmuseum.be

当代首饰艺术画廊网站

新西兰 Fingers 首饰艺术画廊
http://www.fingers.co.nz

澳大利亚墨尔本 Funaki 画廊
http://www.galleryfunaki.com.au

意大利 alternative 画廊
http://www.alternatives.it

比利时 Sofie Lachaert 画廊
http://www.lachaert.com

法国巴黎当代工艺画廊
http://www.galerie-helene-poree.fr

美国旧金山 Velvet da Vici 画廊
http://www.velvetdavinci.com

德国慕尼黑 Spectrum 画廊
http://www.galerie-spektrum.de

荷兰阿姆斯特丹 Louise Smit 画廊
http://www.louisesmit.nl

荷兰阿姆斯特丹 Marzee 画廊
http://www.marzee.nl

澳大利亚墨尔本 Studio Ingot 画廊
http://www.studioingot.com.au

美国纽约 Loupe 画廊
http://www.galleryloupe.com

金工首饰艺术书籍网站

http://www.larkbooks.com
http://www.charonkransenarts.com
http://www.galerie-ra.nl
http://www.fvandenbosch.nl
http://www.theletterheads.co.nz
http://www.theletterheads.co.nz
http://www.fvandenbosch.nl
http://www.klimt02.net

世界各国（地区）首饰期刊

中国首饰双月刊：《中国宝石》
中国首饰双月刊：《中国黄金珠宝》
意大利金饰双月刊：*18 Karati*
意大利时尚珠宝双月刊：*Vogue Gioiello*
意大利金饰珠宝杂志：*Gold Magazine*
意大利珠宝杂志：*L'orafo Italiano*
法国首饰季刊：*A Wowrld of Dreams*
美国珠宝月刊：*Moden Jeweler*
美国宝石季刊：*Gems & Gemmology*
美国首饰双月刊：*JQ Magazine*
美国金工双月刊：*Metalsmith*
美国双月刊：*American Crafts*
德国首饰设计季刊：*GZ Art + Desin*
德国珠宝月刊：*GZ-European Jeweler*
德国首饰杂志：*Schmuck*
西班牙珠宝杂志：*Arte Y Joya*
西班牙首饰双月刊：*Duplex Press*
西班牙首饰半年刊：*Jewelry Duplex*
日本首饰双月刊：*Grand Magazine*
日本珠宝季刊：*Tokyo Jewelers*
香港珠宝之星双月刊：*Jewellery Review*
瑞士巴赛尔珠宝杂志：*The Basel Magazine*

世界各国（地区）主要首饰院校及其网站

中国北京服装学院
（Beijing Institute of Fashion Technology）
http://www.bift.edu.cn

中国中央美术学院
（Central Academy Of Fine Arts）
http://www.cafa.edu.cn

中国清华大学美术学院
（Academy of Art & Design , Tsinghua University）
http://www.tsinghua.edu.cn

英国伦敦中央圣马丁艺术学院
（Central Saint Martins College of Art and Design）
http://www.csm.arts.uk

英国伦敦皇家艺术学院
（Royal College of Art）
http://www.rca.ac.uk

英国爱丁堡艺术学院
（Edinburgh College of Art）
http://www.eca.ac.uk

英国谢菲尔德哈莱姆大学
（Sheffield Hallam University）
http://www.shu.ac.uk/

英国伯明翰城市大学
（Birmingham City University）
http://www.bcu.ac.uk/

德国哈瑙国立制图学院
（State Academy of Drawing Hanau）
http://www.zeichenakademie.de

德国慕尼黑美术学院
（Academy of Fine Arts Munich）
http://www.adbk.de

意大利佛罗伦萨阿基米亚学院
（Alchimia Jewellery florence）
http://www.alchimia.it

意大利佛罗伦萨欧纳菲首饰学院
（Le Arti Orafe College of Jewelry）
http://www.artiorafe.it

美国罗得岛设计学院
（Rhode Island School of Design）
http://www.risd.edu

美国纽约州立大学新帕尔兹学院
（New Paltz State University of New York）
http://www.newpaltz.edu

美国弗吉尼亚州联邦大学
（Virginia Commonwealth University）
http://www.vcu.edu

美国宾夕法尼亚泰勒艺术学院
（Tyler School of Art）
http://www.temple.edu

美国圣地亚哥州立大学
（San Diego State University, California）
http://school.nihaowang.com

美国印地安纳大学伯明顿分校
（Indiana State University, Bloomington, Indiana）
http://www.indiana.edu

美国克兰布鲁克艺术学院
（Cranbrook Academy of Art）
http://www.cranbrookart.edu

美国威斯康星大学麦迪逊分校
（University of Wisconsin, Madison）
http://www.wisc.edu

日本东京 Hizo Mizuno 首饰学院
（Hizo Mizuno College of Jewelry）
http://www.Hizo-mizuno.com

日本东京艺术大学
（Tokyo National University of Fine Arts and Music）
http://www.geidai.ac.jp

台湾艺术大学
（National Taiwan University of Arts）
http://www.ntua.edu.tw

韩国首尔弘益大学
（Hong-Ik University）
http:www.hongik.ac.kr

韩国首尔产业大学
（Seoul National University of Science and Technology）
http://www.snut.ac.kr

荷兰阿姆斯特丹里特维尔德艺术学院
（Gerrit Rietveld Academy of Art in Amsterdam）
http://www.gerritrietveldacademie.nl

比利时安特卫普皇家美术学院
（Royal Academy of fine Arts Antwerp）
http://www.antwerpacademy.be

比利时布鲁塞尔圣卢卡斯艺术学院
（Sint-Lucas Hogeschool）
http://www.sintlukas.be

挪威奥斯陆国家艺术学院
（Oslo National Academy of arts）
http://www.khio.no

西班牙玛莎娜首饰学院
（The Massana School in Barcelona）
http://www.escolamassana.es

澳大利亚国立大学
（Australian National University）
http://www.anu.edu.au